CEO를 위한 미래산업 보고서

4차산업혁명은 없다

CEO를 위한 미래산업 보고서

4차산업혁명은 없다

이인식(지식융합연구소 소장) 지음

살림

There is no 4th Industrial Revolution.
: The Future Industry Report for CEO

Written by Lee Insik.
Published by Sallim Publishing.

책을 내면서

이 책은 미래기술과 미래사회에 늘 관심이 많은 경영자를 위해 기획된 미래산업 보고서이다.

우리나라는 바야흐로 인공지능, 가상/증강현실, 만물인터넷, 첨가제조3차원 인쇄, 청색기술 등 첨단신흥기술이 주도하는 초연결사회 또는 포스트디지털 시대로 접어들기 시작했다.

특히 2016년부터 세계경제포럼에서 제안한 4차산업혁명이 우리 사회에도 적용할 만한 개념인지 제대로 공론화 한번 되지 않은 채 벼락처럼 국가적 화두로 부상하면서 정치인, 언론인, 전문기술자 집단은 성장동력을 육성하는 절체절명의 기회로 반기고 있다.

이런 상황에서 그동안 미래기술에 관한 글을 꾸준히 발표해온 나로서는 경영자들이 4차산업혁명의 본질을 파악하는 데 도움이 될 만한 책을 펴내지 않으면 안 된다는 의무감과 절박감을 떨쳐버릴 수 없었다. 그러니까 이 책은 모두가 잠든 이른 새벽의 점령군처럼 눈 깜짝할 사이에 한국사회를 지배하기 시작한 4차산업혁명에 궁금증을 가진 경영자 여러분을 위해 준비된 미래 보고서이다.

이 책은 3부로 구성되었다.

제1부 '2017~2035 세계기술 전망'은 미국 백악관을 비롯해서 세계 유수의 미래연구기관에서 발간한 미래기술 보고서 8편을 소개한다.

한국사회에서는 인공지능을 4차산업혁명의 핵심기술로 여기고 있지만 인공지능의 산업적 측면을 다룬 스탠퍼드대학 보고서에 4차산업혁명이라는 단어가 단 한 번도 나오지 않는다. 미국 백악관이 2016년에 두 차례 발간한 인공지능 보고서에도 4차산업혁명이라는 단어가 딱 한 번 언급될 따름이다. 2017년 1월 미국 국가정보위원회가 펴낸 2035년 세계동향분석 보고서에도 물론 4차산업혁명은 없다.

제2부에는 『매일경제』에 「이인식 과학칼럼」으로 연재된 칼럼 52편이 실려 있다. 인공지능, 뇌연구 프로젝트, 4차산업혁명, 청색기술 혁명, 지속가능발전, 포스트휴먼 등 미래기술과 미래사회의 핵심 주제가 거의 망라되어 있다.

제3부 '미래기술 문제작 해제'는 21세기 산업혁명의 핵심기술인 나노기술, 로봇공학, 사이보그, 인체 냉동보존술을 각각 다룬 세계적 화제작 4권에 해제^{解題}로 실린 글 네 편을 소개한다. 특히 사이보

그와 냉동인간은 포스트휴먼 논의의 핵심적인 주제이다.

개인적으로 49번째 펴내는 책인 이 미래산업 보고서는 여러분의 도움과 격려로 태어났다. 먼저 소중한 지면에 오랫동안 과학칼럼을 연재할 기회를 제공해준 『매일경제』 편집진에게 감사의 말씀을 드린다.

미래기술 문제작의 번역 출간을 기획하도록 권유하고 해제도 집필하도록 성원해준 김영사 박은주 사장의 배려도 오랫동안 잊지 못할 것 같다.

『노무현이 선택한 사람들』의 일부를 이 책의 부록으로 싣게 해준 최광웅 데이터정치연구소장에게도 감사의 뜻을 전하고 싶다. 책이 출간되기 전에 원고를 꼼꼼히 읽고 추천의 말씀을 보내준 여명숙 박사, 양향자 더불어민주당 최고위원, 조숙경 박사의 격려가 큰 힘이 되고 있음은 물론이다. 무엇보다 좋은 책으로 만들어준 살림 서상미 편집부장의 노고도 고맙기 그지없다.

끝으로 나의 글쓰기를 무한한 신뢰와 사랑으로 성원해준 아내 안젤라, 큰아들 원과 며느리 재희 그리고 선재, 둘째 아들 진에게도 고마움의 뜻을 전한다.

2017년 7월 10일
지식융합연구소에서
이인식李仁植

차례

제2부 『매일경제』 이인식 과학칼럼

제1부
·
2017~2035
세계기술 전망

한국사회에서는 인공지능을 4차산업혁명의 핵심기술로 여기고 있다.
하지만 「2030년 인공지능과 생활」 보고서에서는
4차산업혁명이라는 단어를 단 한번도 사용하지 않고 있다.

01

2017년 4차산업혁명
신흥기술

여느 때는 찾아오는 사람이 별로 없는 스위스의 산골마을에 해마다 1월이 되면 세계 각국에서 대통령과 총리, 기업 최고경영자, 학자 등 권력, 돈, 명예를 거머쥔 거물들이 몰려든다. 휴양지로 소문난 마을인 다보스에서 1971년 설립된 세계경제포럼World Economic Forum이 열리기 때문이다. 다보스 포럼Davos Forum 으로 더 자주 불리기도 한다.

2017년 1월 17일(현지시간) 개막된 제47차 다보스 포럼 연례총회에는 99개국에서 정부·기업·시민단체 지도자 등 3,000여 명이 참석했다.

2016년 다보스 포럼의 화두였던 4차산업혁명4IR: The 4th Industrial Revolution이 2017년 포럼에서도 집중적으로 다루어졌다.

다보스 포럼은 2006년부터 해마다 연례총회 개막 전에 「세계 리스크 보고서The Global Risks Report」를 발간하고 있다. 다보스 포럼에 따르면 '세계 리스크'는 "만일 발생할 경우 향후 10년 안에 몇몇 나라와 산업에 의미 있는 부정적 영향을 초래할 수 있는 불안한 사건 또는 상태"로 정의된다. 2017년 1월 11일 발표된 12번째 보고서인 「2017년 세계 리스크 보고서」는 전 세계 750명의 전문가가 참여하여 작성했다. 이 「보고서」는 향후 10년간 세계를 위협할 위험 요인을 분석하고, 세계 지도자들이 고민해야 할 화두로 '소통과 책임 리더십Responsive and Responsible Leadership'을 내놓았다.

이 「보고서」에 언급된 세계 리스크는 두 종류이다. 하나는 가능성 측면에서 본 것이고, 다른 하나는 영향력 측면에서 본 것이다.

먼저 가능성 측면에서 본 2017년 10대 세계 리스크는 다음과 같다.

01 기상이변
02 대규모 비자발적 이주
03 자연 재해
04 테러공격
05 데이터 조작 또는 절도
06 사이버공격cyberattack
07 불법 무역
08 사람에 의한 환경 재앙
09 국가 간 갈등
10 국가 관리governance의 실패

이 「보고서」는 영향력 측면에서 본 2017년 10대 세계 리스크도 소개한다.

① 대량살상 무기
② 기상이변
③ 물 위기
④ 자연 재해
⑤ 기후변화 완화 실패
⑥ 대규모 비자발적 이주
⑦ 식량위기
⑧ 테러공격
⑨ 국가 간 갈등
⑩ 실업 및 불완전 고용

5대 세계 핵심 도전과제

「2017년 세계 리스크 보고서」는 국적·연령·직업이 다양하게 분포된 집단으로부터 수집된 의견을 근거로 작성되었다. 설문조사 결과 향후 10년간 세계의 발전을 좌우할 가능성이 가장 높은 추세trend 다섯 가지가 확인되었다. 다보스 포럼에 따르면 '추세'는 "세계 리스크를 증폭시킴과 아울러 그 리스크들 사이의 관계를 변화시키는데 기여할 수 있으며, 현재도 진행되고 있는 장기간의 패턴"으로 정의된다. 이러한 추세는 다음 다섯 가지로 나타났다.

⑴ 소득과 부의 불균형 심화rising income and wealth disparity
⑵ 기후변화changing climate
⑶ 사회적 양극화 증대increasing polarization of societies
⑷ 사이버 의존도 심화rising cyber dependency
⑸ 노령화ageing population

이러한 추세로부터 세계가 현재 직면한 '핵심 도전과제key challenge'는 다섯 개가 도출된다.

먼저 향후 10년에 걸쳐 세계의 발전을 결정할 5대 추세 중에서 가장 중요하게 여겨지는 '소득과 부의 불균형 심화' 추세로부터 경제 분야의 핵심 도전과제가 두 가지 나온다.

❶ 세계 경제성장 활성화 문제

세계 경제성장을 탄탄한 상태로 되돌리는 방안을 찾기는 쉽지 않다. 더욱이 경제성장 활성화 문제는 경제정책 전문가들만이 해결해야 할 성질의 것도 아니다. 소득과 부의 분배는 갈수록 정치적으로 민감해지고 있으며 많은 사람의 생활에 직결된 금전적 불안정성이 심화되고 있기 때문이다.

❷ 시장자본주의 개혁 문제

세계 경제성장을 끌어올리는 것만으로 경제 사회적 양극화 때문에 박탈감이 심한 대중 사이에 널리 퍼져 있는 반체제적인 포퓰리즘(대중영합주의) 정서와 세계화에 대한 반발 심리를 해소할 수는 없다. 소득이 높은 계층과 그렇지 않은 사람들 사이에 사회적 연대감을 강화하여 시장자본주의를 개혁하지 않으면 경제적 불평등과 정치적 양극화 문제가 세계 리스크가 될 수밖에 없다.

❸ 공동체 재건 문제

「2017년 세계 리스크 보고서」는 5대 추세 중에서 세 번째로 언급된 '사회적 양극화 증대' 추세로부터 비롯되는 문제 중 하나인, 건강한 정치공동체에서 정체성identity과 포용성inclusiveness의 중요성을 인식하는 문제를 세 번째 핵심 도전과제로 언급한다.

다보스 포럼은 경제적 불평등과 사회적 양극화를 최소화하는 방안으로 '포용적 성장inclusive growth'을 제안한다.

❹ 기술 변화 관리 문제

다보스 포럼은 2016년 4차산업혁명 개념을 화두로 내걸었던 주역답게 급격한 기술 변화로 노동시장에 일어나는 사회 문제를 관리하는 것을 네 번째 핵심 도전과제로 제시한다. 특히 인공지능과 로봇공학이 4차산업혁명을 견인하는 신흥기술emerging technology로서 향후 10년간 일자리에 가장 부정적인 결과를 초래할 것으로 전망한다.

⑤ 국제적 협조 체제 강화 문제

많은 나라들이 다양한 국제 협조 체제에서 손을 떼려는 움직임을 나타낸다. 특히 국제적 안전은 집단적 협조가 없으면 유지되기 어렵기 때문에 세계적 협조 체제를 보호하고 강화하는 것은 다섯 번째 핵심 도전과제가 될 수밖에 없다. 기술·인구통계·기후 등의 압력이 세계 전체 시스템의 실패 가능성을 높이고 있다. 따라서 세계 열강 사이의 경쟁은 국제 문제 해결 체제를 더욱 취약하게 만들어 인류 집단의 번영과 생존을 위태롭게 할 수 있다.

12대 4차산업혁명
신흥기술

「2017년 세계 리스크 보고서」는 세계가 직면한 5대 핵심 도전과제의 네 번째 항목으로 제시한 '기술 변화 관리 문제'에 별도로 많은 지면을 할애하여 △4차산업혁명의 신흥기술에 관련된 리스크와 △인공지능의 리스크를 분석한다.

4차산업혁명의 핵심적인 신흥기술은 다음과 같이 열두 개가 거론된다.

❶ 3차원 인쇄 3D printing

3차원 프린터를 사용하여 거의 모든 물건을 원하는 대로 찍어낸다.

❷ 첨단소재 advanced material 와 나노물질 nanomaterial

물질의 특성을 향상시킨 신소재와 스마트물질이 개발된다. 첨단소재의 유망주로는 나노물질이 손꼽힌다.

❸ 인공지능과 로봇공학

지능을 가진 기계가 사람 대신에 사무실에서 지식노동을, 공장에서 단순노동을 수행하는 자동화 시대로 접어든다.

❹ 생명공학기술 biotechnology

유전자 편집, 유전자 치료, 합성생물학 synthetic biology 등 생명공학기술의 혁신으로 의학·농업·제조업 등에 막대한 영향을 미친다.

❺ 에너지 포집, 저장, 전송 energy capture, storage and transmission

배터리(전지)와 연료전지와 같은 에너지 저장 소재, 햇빛과 바람을 활용하는 재생에너지, 스마트 그리드 smart grid 시스템 등 에너지기술 분야에서 획기적 발전이 예상된다.

❻ 블록체인 blockchain 과 분산장부 distributed ledger

분산장부는 네트워크에 참여한 모든 사람이 거래 정보를 공유하고 검증하는, 암호로 서명된 거래 기록이다. 블록체인은 이러한 분산장부의 일종이다. 요컨대 블록체인은 가치 교환 거래가 블록 단위로 순차적으로 분류된 형태의 분산장부이다. 온라인 가상화폐인

비트코인^{bitcoin}이 활용되면서 2009년 처음 실현된 블록체인은 온라인 금융거래에서 해킹을 방지하는 보안기술로 각광을 받는다. 블록체인과 분산장부 개념은 핀테크$^{FinTech: financial technology}$의 핵심이다.

⑦ 지구공학 geoengineering

지구공학은 인류의 필요에 맞도록 지구의 환경을 대규모로 변화시키는 공학기술이다. 지구공학으로 지구온난화를 방지하는 기술의 하나는 대기 중에 이미 배출된 이산화탄소를 제거하거나 저감하는 방법이다. 예컨대 바다에 철을 뿌려 식물플랑크톤의 성장을 돕는다. 바다 표면 근처에 부유하는 미생물을 통틀어 식물플랑크톤이라 일컫는다. 어류의 먹이이며 광합성을 한다. 식물플랑크톤은 광합성을 위해 수중에 용해된 이산화탄소를 사용한다. 광합성에는 미량의 철이 필요하다. 철이 부족하면 광합성이 원활하지 못해 이산화탄소가 흡수되기 어렵다.

⑧ 만물인터넷 Internet of Things

이 세상의 거의 모든 것에 센서가 부착되어 서로 네트워크로 연결되면 초연결사회$^{hyper-connected society}$가 된다. 초연결사회는 거의 모든 사물이 자기를 스스로 인식하고 상호작용하는 세상, 그래서 우리 주변의 모든 것이 살아 있는 세상이다.

⑨ 신경공학 neurotechnology

스마트 약, 뇌-기계 인터페이스 BMI: brain-machine interface, 뇌파 분석과 같은 기술로 사람 뇌의 활동을 읽고, 기능을 제어하는 방법이 개발된다.

⑩ 새로운 컴퓨팅 기술

실리콘 마이크로칩에 의존하는 디지털 컴퓨터의 대안 기술로 △양자컴퓨터 quantum computer, △디옥시리보핵산 컴퓨터 DNA computer, △분자컴퓨터 molecular computer, △광컴퓨터 optical computer 등이 다각도로 연구된다.

⑪ 우주기술 space technology

우주개발과 우주여행을 위한 기술이 인공위성·로켓·정보통신 등 여러 측면에서 획기적으로 발전한다.

⑫ 가상현실 virtual reality 과 증강현실 augmented reality

가상현실은 컴퓨터 기술로 만든 3차원 환경에서 사용자의 시각이나 청각 또는 촉각을 자극하여 그 안의 사물이 마치 실제로 존재하는 것처럼 착각하도록 만드는 기술이다. 한편 증강현실은 실제환경에 가상의 사물을 합성하여 원래 환경에 존재하는 사물처럼 보이도록 하는 기술이다.

인공지능의
리스크

　4차산업혁명의 12개 신흥기술 중에서 인공지능만큼 사회 전반에 충격을 줄 기술도 없다. 지능을 가진 기계가 한편으로는 "기후변화·자원활용·인구폭발·건강관리(헬스 케어) 같은 21세기의 세계적 난제 해결에 도움을 줄 수 있지만", 다른 한편으로는 사람의 노동을 자동화하여 일자리를 빼앗아가고 있기 때문이다.

　「2017년 세계 리스크 보고서」는 특히 사람보다 일반지능general intelligence이 뛰어난 기계의 개발 가능성에 대해서도 언급한다. 지능에 대한 아주 오래된 관점에서는 사람의 지능을 두 가지로 나누어 일반지능과 특수지능으로 구성된 것으로 설명한다. 모든 지적 활동에 포함되어 있는 단일한 추론 능력, 곧 다양한 영역에 적용되는 단일한 능력을 일반지능이라 하고, 특정 과제를 수행하는 데 포함된 여러가지 구체적인 능력을 특수지능이라 한다.

　이러한 지능의 구분에 따르면 인공지능은 인공일반지능AGI: artifcial general intelligence과 인공특수지능ASI: artificial specialized intelligence으로 나뉜다. 인공일반지능 또는 강인공지능strong AI은 인간 수준의 지능이지만 아직 존재하지 않는다. 인공특수지능 또는 약인공지능weak AI은 특수한 분야의 특정한 문제를 해결하는 것으로, 오늘날 대부분의 인공지능이 이 범주에 해당한다. 가령 2016년 3월 이세돌 9단과의 대결에서 4승 1패로 압승한 인공지능 바둑 프로그램 알파고AlphaGo는 인공특수지능의 위력을 유감없이 보여주었다. 그러나 사람 지능의 모든 기능을 한꺼번에 기계로 수행하는 인공일반지능기술은 아직 걸음마도 떼지 못한 실정이다.

인공일반지능은 2030년대에 실현된다고 낙관하는 전문가도 있는 반면, 기계가 결코 사람과 같은 지능을 가질 수는 없다고 주장하는 학자도 적지 않다. 어쨌거나 인공일반지능이 실현되면 인류는 초지능superintelligence의 위협에 직면하게 된다. 영국 옥스퍼드대학교의 철학교수인 닉 보스트롬은 "지능의 거의 모든 영역에서 뛰어난 능력을 가진 사람을 현격하게 능가하는 존재"를 초지능이라고 정의한다.

「2017년 세계 리스크 보고서」는 "초지능이 컴퓨터 또는 로봇 형태에 의해서라기보다는 스마트 시스템이나 생명공학기술에 의해 인간의 지능이 증강되는 방향으로 성취될 가능성도 있다"면서, 사람과 지능 증강기술이 통합되는 것을 저해할 요인의 하나로 개인적 정체성 개념을 꼽는다. 이 「보고서」는 "초지능 시스템이 현재로서는 이론적인 위협에 불과할 따름이지만, 인공지능이 우리가 더 나은 미래를 창조하는 데 보탬이 될지 여부를 검토하는 것은 의미가 있다"고 결론을 맺는다.

02
2025년
현상파괴적 기술

2025년 인류의 삶과 세계 경제를 바꾸어놓을 첨단기술에 대해 가장 설득력 있게 전망을 내놓은 보고서로는 맥킨지세계연구소McKinsey Global Institute가 펴낸 「현상파괴적 기술Disruptive Technologies」이 손꼽힌다. 세계적 기업경영 컨설팅 회사인 맥킨지세계연구소는 2013년 5월 발간한 이 보고서에서 2013년부터 2025년 사이에 경제적으로 현상파괴적인 영향을 미칠 기술을 발표했다.

현상파괴적 기술은 1995년 하버드대 경영대학원의 클레이튼 크리스텐슨 교수가 처음 사용한 개념이다. 그는 기업의 혁신innovation을 존속성 혁신과 현상파괴성 혁신으로 구분한다. 존속성 혁신은 기존 고객이 요구하는 성능 우선순위에 따라 이루어지는 혁신인 반면, 현상파괴성 혁신은 기존 고객이 요구하는 성능은 충족시키지 못하지만 전혀 다른 성능을 요구하는 새로운 고객이 기대하는 혁신이다. 말하자면 현상파괴적 기술은 기존의 기술을 일거에 몰아내고 시장을 지배하는 새로운 기술이다. 금속 인쇄술, 증기기관, 자동차, 전화, 나일론, 컴퓨터, 인터넷 등 세상을 혁명적으로 바꾼 기술은 본질적으로 현상파괴적 기술에 해당한다.

맥킨지세계연구소는 "2025년까지 경제적으로 파괴적인 혁신을 초래할 잠재력이 가장 큰 기술"을 다음 네 가지 기준으로 선정한다.

① 발전 속도가 아주 빠르거나 획기적 발전breakthrough이 예상되는 기술
② 세계 경제에 광범위하고 다양하게 충격을 초래하는 기술
③ 상품이나 서비스의 시장 규모에 지대한 영향을 미치는 기술
④ 현상을 유지하지 않고 극적으로 혁신하여 인류의 삶을 개선하고 국가의 성장에 크게 기여하는 기술

12대
현상파괴적 기술

맥킨지세계연구소는 이러한 네 가지 기준에 따라 "수십억 명의 소비자, 수억 명의 노동자, 수조 달러의 매출에 영향을 미칠 것이라고 확신하는" 기술 열두 개를 선정한다. 12대 현상파괴적 기술을 그

시장 규모에 따라 살펴보면 다음과 같다.

❶ 모바일 인터넷 mobile Internet

스마트폰이나 태블릿 컴퓨터와 같은 휴대용 장치가 무선으로 인터넷에 연결됨에 따라 모바일(이동) 인터넷이 휴대용 장치 사용자 10억 명의 생활방식을 바꾸어놓는다. 이는 전 세계 노동자의 약 40%에 해당한다. 2025년까지 43억 명이 추가로 모바일 인터넷을 사용할 것으로 전망된다. 모바일 인터넷 기술이 급속도로 발전하면서 입는 장치wearable device도 대규모로 활용될 것임에 틀림없다.

❷ 지식노동의 자동화 automation of knowledge work

인공지능, 특히 기계학습machine learning과 음성인식voice recognition 소프트웨어의 발달로 오랫동안 기계가 수행하기 어려운 것으로 여겨진 지식노동 업무를 자동화하게 되었다. 2억 3,000만 명의 지식노동자 업무가 이런 지능 소프트웨어로 자동화될 전망이다. 이는 전 세계 노동력의 9%에 해당한다. 11억 명의 스마트폰 사용자도 음성을 인식하는 가상개인비서VPA: virtual personal assistance와 같은 지능형 앱(응용프로그램)을 사용하게 될 것으로 예측된다.

❸ 만물인터넷 Internet of Things

만물인터넷은 일상생활의 모든 사물을 인터넷 또는 이와 유사한 네트워크로 연결해서 인지·감시·제어하는 정보 통신망이다. 만물인터넷에 연결되는 사물에는 센서와 액튜에이터^{actuator}가 내장되어 있으므로 사람의 개입 없이 물건끼리 정보를 교환하면서 주어진 역할을 수행한다. 사물과 사물 사이의 통신에서 가장 중요한 분야는 기계와 기계 사이의 통신이다. 기계와 기계 사이의 통신이 기능을 제대로 발휘하면 그만큼 사람이 수고를 할 필요가 덜어지기 때문이다. 가령 무선으로 통신하는 자동차끼리 서로 협동하여 충돌을 피할 수도 있다. 전 세계적으로 유통, 안전, 건강관리(헬스케어) 등의 1억 개 기계장치가 만물인터넷에 연결될 전망이다. 2025년까지 만물인터넷에 연결된 물건은 1조 개로 추산된다.

❹ 클라우드기술 cloud technology

인터넷에서 개인이 가진 단말기를 통해서는 주로 입·출력 작업만 수행되고, 정보의 분석·처리·저장·관리·유통 등의 작업은 클라우드^{구름}라고 불리는 대용량의 컴퓨터 집합에 의해 이루어지는 시스템을 클라우드 컴퓨팅이라고 한다. 이를테면 클라우드는 인터넷의 대형 서버를 가리킨다. 요컨대 클라우드, 곧 구름 모양으로 집합을 이루고 있는 인터넷 서버의 복잡한 기능을 사용자가 이해하지 못하더라도 인터넷으로부터 다양한 정보기술 서비스를 제공받을 수 있다. 따라서 기업이나 개인이 클라우드 컴퓨팅을 도입하면 서버의 구매·설치·유지보수에 들어가는 비용을 아낄 수 있다. 이 보고서에 따르면 클라우드 기반의 전자우편 서비스 사용자는 2025년까지 전 세계적으로 20억 명으로 추산된다.

⑤ 첨단 로봇공학advanced robotics

지난 수십 년간 산업용 로봇은 제조 현장에서 사람이 하기 어렵거나 위험한 작업을 대신 수행했다. 이제 좀 더 발전한 로봇은 인공지능기술 덕분에 노동자의 지적 작업도 처리하는 수준이 되었다. 이런 로봇은 전 세계 생산직 노동자 채용 비용의 19%에 해당하는 6조 3,000억 달러를 절감할 수 있다. 이는 전 세계 노동자의 12%인 3억 2,000만 명을 로봇으로 대체할 때 절감되는 노동자의 인건비이다.

⑥ 차세대 유전체학next-generation genomics

유전체학은 생물 유전체(게놈)의 구조와 기능을 연구하는 유전학의 한 분야이다. 다시 말해 한 생물체의 세포 속에 포함되어 있는 유전자 전체, 곧 유전체의 구조와 그 유전체를 구성하는 염기배열 결정에 관한 연구를 하는 분자생물학의 한 분야이다. 유전체학의 가장 기본적인 단계는 사람을 포함한 생물체의 유전자 서열 분석gene sequencing이다.

차세대 유전체학은 유전자 염기 배열을 분석하여 변경하는 기술과 빅데이터를 분석하는 기술이 융합할 것으로 예상된다. 요컨대 유전자 서열 분석기술이 급속도로 발달함에 따라 유전자 이상 유무를 몇 시간 안에 적은 비용으로 알아낼 수 있으므로 가령 유전병을 신속히 진단하여 환자에게 맞춤형 치료를 제공하게 된다.

유전체학이 발전하면 다음 단계는 합성생물학synthetic biology이다. 합성생물학은 생물설계공학biodesigneering이라고도 불린다. 공학기술을 생명공학에 융합한 분야로서, 기존의 생물시스템을 설계 및 엔지니어링하여 새로운 생물학적 부품·장치·시스템을 실현하는 연구분야이다. 합성생물학은 반도체 소자처럼 상호교환이 가능한, 표준화된 생물학적 부품을 만들어 새로운 기능을 가진 생물체의 창조를 시도한다.

❼ 자율 및 거의 자율적인 이동수단autonomous and near-autonomous vehicles

전쟁터의 무인항공기, 곧 드론drone부터 거리를 내달리는 자율주행 자동차self-driving car까지 인공지능, 특히 기계시각machine vision, 센서와 액추에이터 기술의 발달로 완전자율 또는 거의 완전자율적인 이동수단이 출현한다. 특히 자율주행 자동차는 육상 교통의 혁명을 일으킬 전망이다. 우선 달리는 차량이나 장애물을 스스로 인식하여 속도를 조절하게 되므로 교통사고를 예방할 수 있으며 운전자에게 자동차 운전을 하지 않을 만큼 시간적 여유를 제공하게 된다.

❽ 에너지 저장energy storage

에너지 저장은 발전소에서 생산한 전기를 에너지 저장장치ESS에 담아두었다가 나중에 전기가 필요할 때 꺼내 쓰는 기술을 의미한다.

다양한 형태의 에너지를 저장할 수 있는 소재로는 배터리(전지)기술과 함께 초고용량 축전지ultracapacitor, 수소 저장 소재 등 3가지가 손꼽힌다. 이런 에너지 저장 소재기술은 두 종류의 산업 분야, 곧 수송과 휴대전자장치 부문에서 에너지가 저장되고 유통되는 방법을 바꿔놓는다는 측면에서 현상파괴적 기술의 잠재력을 갖게 된다. 화석 연료에 대한 의존도를 줄인다는 의미에서 일종의 패러다임 변화라고 평가할 수 있다.

수송 분야의 경우, 2차 전지인 리튬이온전지$^{lithium-ion\ battery}$가 전기자동차 시대를 앞당긴다. 에너지 저장기술의 발전으로 전기자동차는 세 단계를 거치면서 가솔린엔진 차량보다 경쟁력을 갖추게 될 전망이다. 첫 번째 단계는 석유와 배터리를 혼용하는 하이브리드카$^{hybird\ car}$이다. 두 번째 단계는 전원 연결(플러그-인) 하이브리드카 $^{PHEV:\ plug-in\ hybrid\ electric\ vehicle}$이다. 일반가정용 콘센트에 플러그를 꽂아 충전할 수 있는 전기자동차이다. 3단계의 전기자동차는 가솔린엔진을 아예 장착하지 않고 리튬이온 배터리로 굴러가는 차량이다.

⑨ 3차원 인쇄 $^{3D\ printing}$

첨가제조$^{additive\ manufacturing}$라고 불리는 3차원 인쇄는 제품을 설계하거나 취미로 관심을 갖는 사람들이 사용하는 수준을 넘어서 생산 현장에서도 적용되는 추세이다. 3차원 인쇄로 아이디어가 3차원 설계 도면에서 최종 제품으로 곧바로 전달됨에 따라 기존 제조 공정을 건너뛸 수 있게 되었다. 특히 3차원 인쇄는 수요 중심 생산이 가능하도록 하기 때문에 공급체계와 재고관리에서 비용 절감이 기대된다.

⑩ 첨단소재advanced materials

지난 수십 년 동안 물질의 특성과 기능을 극적으로 향상시킨 첨단소재가 개발되었다. 자기회복self-healing 또는 자기정화self-cleaning 기능을 가진 스마트물질, 한계온도 이하에서 6~10% 정도 변형시킨 뒤 가열하면 원래의 형상으로 되돌아가는 형상기억합금memory metal, 압력을 에너지로 변환하는 압전세라믹piezoelectric ceramics이 첨단소재의 대표적인 사례이다.

첨단소재의 새로운 유망주는 나노물질nanomaterial이다. 특히 탄소 기반의 나노물질인 탄소나노튜브CNT: carbon nanotube와 그래핀graphene이 크게 활용될 전망이다. 1991년 발견된 탄소나노튜브는 탄소 여섯 개로 이루어진 육각형들이 균일하게 서로 연결되어 관 모양을 이루고 있는 원통형 구조의 분자이다. 탄소나노튜브는 튼튼하고 끊어지지 않고 잘 휘어지며 가벼울 뿐만 아니라 열과 전기를 잘 전달하고 반도체의 성질도 나타내기 때문에 전자소재로서 쓰임새가 무궁무진하다. 2004년 발견된 그래핀은 탄소 원자가 고리처럼 서로 연결되어 벌집 모양의 평면 구조를 가지고 있으며, 원자 한 개만큼의 두께에 불과하다. 그래핀 역시 탄소나노튜브 못지않은 특성을 갖고 있으므로 휘어지는 텔레비전이나 접어서 지갑에 넣고 다니는 컴퓨터도 만들 수 있다.

열 개에서 수천 개 정도의 원자로 구성된 물질, 곧 나노입자nanoparticle도 거의 모든 산업 분야에서 활용된다. 나노입자를 기존의 재료에 첨가하면 그 특성을 거의 무한하게 변화시킬 수 있기 때문이다. 가령 제품의 표면에 나노입자를 입히면 얇은 층을 형성하여 나노크기 규모에서 여러 가지 방식으로 그 제품의 성능을 향상시킨다.

나노입자는 각종 생활용품에서 화장품과 스포츠 용품에까지 활용되고 있으며, 특히 살균효과가 뛰어난 은 나노입자는 휴대전화·냉장고·속옷·콘돔 등에 항균성 재료로 사용된다. 나노입자는 세포보다 크기가 작아서 세포 안의 목표 지점까지 들어갈 수 있으므로 치료제를 나노입자에 담아 몸속에 주입하면 혈관을 타고 암세포를 찾아가서 정확하게 공격한다.

⑪ 유전과 가스의 첨단 채굴 및 회수advanced oil and gas exploration and recovery

석유와 가스를 탐사하는 새로운 기술이 개발되어 재래식 방법으로는 경제적 채굴이 어려운 지역에 매장된 것으로 알려진 석유와 가스의 채굴이 가능해진다. 이러한 기술로 새로운 형태의 에너지 자원을 탐사할 수 있으므로 또 다른 에너지 혁명이 전망된다.

⑫ 재생에너지renewable energy

화석연료의 대안이라는 뜻에서 대체에너지alternative energy 라고 불리는 재생에너지에는 햇빛·바람·조류潮流·지열을 이용하는 자연에너지와, 바이오매스biomass 와 같은 생물에너지가 있다. 재생에너지는 석유 매장량의 소진에 따른 에너지 자원의 고갈과 지구온난화 등 기후변화climate change 문제를 동시에 해결하는 기술로 여겨진다.

현상파괴적 기술의
10대 공통점

맥킨지세계연구소는 이러한 열두 가지 기술이 2025년에 경제적으로 미칠 현상파괴적 영향이 열 가지의 공통점을 갖고 있다고 분석한다.

❶ 정보기술이 골고루 스며든다.

12대 현상파괴적 기술은 대부분 정보기술에 의해 직접적으로 그 기능이 활성화되거나 향상된다. 물론 모바일 인터넷·만물인터넷·클라우드기술은 그 자체가 정보통신ICT 기술이다.

인공지능, 특히 기계학습 기술의 지속적인 발전은 지식노동의 자동화, 첨단 로봇공학, 자율 이동수단기술의 진보에 결정적인 요인으로 작용한다. 또한 컴퓨터 성능이나 빅데이터 분석과 같은 정보기술은 유전자 서열 분석, 유전과 가스의 첨단 채굴과 회수기술의 성패에 직결되는 핵심요소이다.

❷ 현상파괴적 기술의 상호 융합으로 그 충격의 강도가 커진다.

차세대 유전체학과 나노입자기술이 융합하면 특정한 암세포를 공격하는 표적치료제targeted therapy 개발이 가능하다. 나노기술의 발달로 상용화되기 시작한 분자 크기의 기계, 곧 분자 기계molecular machine는 몸에 착용하는 모바일 인터넷 장치나 만물인터넷의 센서로 활용될 수 있다.

재생에너지와 에너지 저장기술이 융합하면 가령 햇빛이나 바람으로 생산한 전기를 에너지 저장장치에 축적해두었다가 나중에 사용할 수 있다.

❸ 소비자가 궁극적으로 혜택을 받는다.

12대 현상파괴적 기술은 대부분 생산자에게 당장 이득이 될 테지만 궁극적으로는 소비자에게도 상당 부분 혜택이 돌아갈 수밖에 없다. 모바일 인터넷, 만물인터넷, 클라우드기술은 모두 정보통신 사용자에게 많은 혜택을 준다.

특히 첨단 로봇공학이나 차세대 유전체학은 경제적으로 약자인 빈민층, 노인, 장애인의 건강관리에 큰 도움이 된다.

❹ 노동의 본질 자체가 변화할 것이며, 수백만 명의 노동자는 새로운 기술을 습득하지 않으면 안 된다.

새로운 기술이 출현하여 인간 노동의 일부 형태가 불필요하거나 경제적 경쟁력이 없는 것으로 치부된 사례는 적지 않다. 이는 산업혁명 이후 반복된 현상일 따름이다. 그러나 오늘날 현상파괴적 기술이 노동의 본질에 미치는 영향은 유례가 없을 정도로 충격적이다.

지식노동의 자동화에 사용되는 각종 도구는 수많은 노동자의 생산성을 제고할 뿐만 아니라 기업의 최고경영자들이 혁신적 의사결정을 하도록 도움을 준다.

하지만 첨단 로봇공학의 발전으로 많은 노동자의 작업이 자동화됨에 따라 기계에게 일자리를 빼앗기는 사람들이 갈수록 늘어나는 추세이다.

❺ 혁신가 또는 기업가의 미래는 밝다.

새로운 기술의 비용이 저렴해지면서 급속도로 퍼져나감에 따라 전례가 없는 기업가정신entrepreneurship의 새로운 물결이 밀려오고 있다. 요컨대 많은 기술이 즉시 활용 가능하고 자본투자가 거의 불필요하기 때문에 혁신의 새로운 시대가 열린다. 가령 3차원 인쇄는 제품의 설계·생산·유통을 '대중화democratize'할 것이다. 또한 모바일 인터넷 장치와 클라우드기술 기반 서비스는 개발도상국가의 소규모 기업이 정보기술을 활용할 기회를 제공할 것이기 때문에 시장의 독점체제가 붕괴한다. 끝으로 기업가정신의 새로운 물결에 의해 파괴적 혁신이 많아질수록 그만큼 고용의 기회가 확대될 것임에 틀림없다.

❻ 현상파괴적 기술의 충격은 선진국과 개발도상국 사이에 다르게 나타난다.

첨단 로봇공학의 경우 선진국 제조업의 경쟁력 향상에는 크게 기여하지만 개발도상국에는 세계 노동 시장에 저임금 인력을 공급하는 기회가 줄어들게 된다.

⑦ 기술의 혜택이 고르게 분배되지 않을지도 모른다.

12대 현상파괴적 기술은 경제적 가치를 창출할 잠재력을 갖고 있지만 어느 경우에는 그 가치가 균등하게 분배되지 않을 수도 있다. 그래서 소득 불균형을 악화시키는 데 일조하게 될 것 같다. 미국 매사추세츠공과대학의 경영학 교수인 에릭 브린욜프슨이 2011년 펴낸 『기계와의 경쟁*Race Against the Machine*』에서 설파한 것처럼, 지식노동의 자동화와 첨단 로봇공학 같은 기술이 반복적인 단순 업무를 기계로 대체하지만, 높은 수준의 지식이 요구되는 전문 직업은 여전히 수요가 줄어들지 않을 전망이다. 따라서 소득이 낮은 육체노동 시장과 소득이 높은 정신노동 시장으로 양극화되어 소득 불균형 문제가 사회적 갈등 요인으로 부상한다.

⑧ 기술에 대한 과대선전과 실제내용 사이의 차이를 구별하기 쉽지 않다.

현상파괴적 기술처럼 사회적 파급효과가 지대한 신생기술은 언론의 주목을 받게 마련이며, 언론은 미래에 대한 청사진을 선정적으로 보도하는가 하면 관련 업계의 환심을 사려는 저의가 엿보이는 기사를 남발하는 사례가 비일비재하다.

기업의 최고경영자는 신생기술에 대한 언론 보도에 현혹되지 않게끔 평소에 첨단기술 관련 정보 수집과 공부를 게을리하지 않으면 안 된다.

09 과학적 발견과 창안은 우리를 항상 깜짝 놀라게 한다.

12대 현상파괴적 기술 대부분은 어찌 보면 기초과학의 발전으로 출현하게 되었다고 볼 수 있다. 이를테면 20세기와 21세기를 지배하는 두 분야인 전자공학은 물리학, 유전공학은 분자생물학 같은 기초과학의 획기적 발전에 의한 결과라고 해도 과언이 아니다.

10 해결해야 할 과제도 없지 않다.

12대 현상파괴적 기술은 2025년까지 수십억 명의 삶을 개선할 것이다. 예컨대 모바일 인터넷과 클라우드기술은 교육과 건강관리 부문에서 생산성을 끌어올릴 것이다. 그러나 이러한 기술은 동시에 바람직스럽지 않은 부작용도 야기한다.

가령 모바일 인터넷과 클라우드기술은 개인의 사생활과 사회의 안전에 부정적 영향을 미칠 수도 있다. 차세대 유전체학 역시 인류의 질병 퇴치와 수명 연장에 크게 기여할 테지만 유전자 서열 분석 기술의 비용이 획기적으로 인하되면 심각한 사회 문제가 예상된다. 왜냐하면 누구나 안방이나 차고에서 보급형 유전자 서열 분석 장치를 사용하여 위험한 생물체를 만들어 퍼뜨릴 수 있기 때문이다. 이러한 기술이 테러분자의 수중에 들어간다면 독성이 높은 변종 세균을 만들어 인명을 대량학살하지 말란 법도 없다.

최고경영자는
미래기술을 숙지해야 한다

맥킨지세계연구소는 「현상파괴적 기술」의 끄트머리에서 "우리는 12대 기술이 시민의 삶·비즈니스·세계 경제 등 여러 차원에서 지대한 변화를 몰고 온다는 사실을 확인했다"면서, 기업 활동에 관한 사항을 몇 가지 언급한다.

- 기업인과 혁신가들의 미래는 밝아 보인다. 모바일 인터넷, 클라우드기술, 3차원 인쇄는 물론 심지어 차세대 유전체학이 소규모 기업에게 의미있는 규모로 경쟁하여 새로운 시장에 신속히 진입할 수 있게끔 기회와 수단을 제공한다.
- 많은 기술, 예컨대 첨단 로봇공학·차세대 유전체학·재생에너지는 삶의 질, 건강, 환경에서 가시적인 개선을 성취할 만한 잠재력을 갖고 있다.
- 12대 현상파괴적 기술 대부분은 완전히 새로운 제품과 서비스를 창출하면서 비즈니스의 판도를 바꾸는, 이른바 게임 체인저 game changer 이다. 특히 모바일 인터넷과 지식노동의 자동화기술은 기업 조직과 노동 형태를 근본적으로 바꾸어놓는다.
- 현상파괴적 기술은 경제성장을 견인할 뿐만 아니라 국가 간의 경쟁력을 좌우하는 요인에도 영향을 미친다. 이를테면 에너지 저장기술은 경제성장을 촉진하고, 첨단 로봇공학과 3차원 인

쇄는 제조 부문에서 생산성 향상에 기여한다. 이러한 기술은 국가가 보유한 자원과 능력을 새로운 방식으로 개발하고 활용하여 국제적 경쟁력을 확보하는 데 크게 기여한다.

맥킨지세계연구소는 "한 가지 명백한 메시지는 노동의 본질이 바뀌고 있다는 것"이라면서, 최고경영자들이 기업에 필요한 전문인력을 확보하기 위해 노동자의 재능과 기량을 개발하는 데 투자를 아끼지 말 것을 권유한다.

이 보고서는 "기술이 거의 모든 전략의 성공요인"이므로 최고경영자는 "무엇보다 먼저 기술 지식의 습득에 투자할 것"을 강력히 주문한다.

03

2025년 유망직업

2016년 8월 미국의 마이크로소프트는 영국의 컨설팅 업체인 미래 연구소The Future Laboratory 와 함께 10년 뒤인 2025년에 각광 받을 직업 10가지를 선정한 「내일의 일자리Tomorrow's Jobs」를 펴냈다. 이 보고서 는 "오늘날 대학생의 65%는 현재 존재조차 하지 않는 직업에 종사 할 것"이라 전망하고, 기술 발전·경제 혼란·사회 변화로 인해 재래 의 직업이 소멸될 것이라고 주장한다. "인공지능·로봇·무운전 자 동차driverless car 의 출현으로 자동화의 새로운 물결이 일어나 트럭 운 전수부터 변호사와 은행원까지 전통적 직업의 미래가 위협받게 된 다"면서, 2025년까지 새로 생겨날 가능성이 가장 높은 5대 직업과 2025년 이후부터 실현될 5대 직업을 소개한다.

2025년까지 출현할
유망직업

「마이크로소프트 보고서」는 2025년까지 새로 창출될 직업 다섯 개를 인기가 높은 순서로 소개한다.

01 가상공간 디자이너 virtual habitat designer

이 「보고서」는 "2025년까지 가상현실VR: virtual reality은 수천만 명이 날마다 일하고 놀고 공부하며 시간을 보내는 디지털 공간이 될 것"이라 전망하고 2020년 세계 가상현실 시장은 400억 달러가 될 것으로 예측한다. 가상현실은 컴퓨터 사용자가 화면에 나타난 3차원 세계를 마치 실제로 존재하는 공간처럼 느끼도록 만드는 기술이다. 2025년까지 일상생활의 일부가 될 가상공간을 만들고 관리하는 완전히 새로운 일자리가 수백만 개 필요하게 된다. 이러한 신종 직업은 가상공간 디자이너라고 불린다.

가상현실 세계를 실제처럼 설계하려면 가상공간 디자이너는 온라인 게임 디자이너에게 필수적인 스토리텔링storytelling 실력과 함께 건축가나 도시계획 전문가에게 요구되는 공간 설계 지식을 갖추어야 할 것이다. 이 보고서는 "미래 건축가와 디자이너의 모든 세대는 가상환경에서 전적으로 작업하게 될 것"이라면서, 집에서 가상현실 사무실 공간으로 출퇴근하는 재택근무telecommuting도 일상화될 것으로 전망한다.

가상공간 디자이너에게는 인지심리학과 행동과학을 공부하도록 권유한다. 왜냐하면 "우리 마음이 가상환경을 실제로 받아들이도록 납득시키려면 사람의 마음이 촉각·후각·시각으로 주변 환경과 상호작용하는 방법을 이해해야 하기 때문"이다.

❷ 윤리기술 대변자 ethical technology advocate

자율 로봇이 2024년까지 해마다 자동화 시장 성장의 거의 4분의 1(22.8%)을 점유하여 스마트기계 시장을 지배하게 된다. 인류에게는 "수백만 명의 노동자가 지루한 관리 업무에서 해방되어 좀더 창의적인 경력을 쌓게 되므로 '두 번째 산업혁명'이 될 것"이다. 2016년부터 한국사회의 화두가 된 '4차산업혁명' 대신에 '2차산업혁명'이라고 표현한 사실에 유념할 필요가 있다.

기계지능의 출현은 수많은 새로운 직업을 창출한다. 예컨대 로봇공학 분야에서 2018년까지 5만 5,790개의 새로운 일자리가 생겨날 전망이다. 이는 해마다 5%씩 증가하는 셈이다.

그러나 로봇의 등장으로 단순 노동과 중간 관리직은 물론 심지어 전문직조차 기계에 일자리를 빼앗기게 될지 모른다. 맥킨지에 따르면 자연언어를 이해하여 날마다 사람과 목소리로 의사소통하는 기계가 모든 노동시간의 60%를 자동화한다. 미국 시장조사 기업인 가트너가 2015년 10월 발표한 2016년의 「10대 전략기술 추세Top 10 Strategic Technology Trends」에 따르면 2018년 300만 명의 노동자가 로봇상사roboboss의 지시를 받게 된다.

로봇 같은 지능기계가 사회에 몰고 올 변화는 결국 로봇과 사람 사이의 우호관계 설정을 촉진하는 새로운 직업을 요구한다. 이들은 로봇이 사람에게 도움을 주기 위해 마땅히 해야 할 일과 해서는 안 될 일을 결정하거나, 로봇에게 사람을 놀라게 하지 않고 대화하는 방법을 교육하게 되므로, 이른바 윤리적인 기술을 널리 알리는 대변자라 할 수 있다. 말하자면 윤리기술 대변자는 로봇에게 윤리를 가르치는 선생님인 셈이다. 로봇의 윤리적인 기능을 연구하는 분야는 기계윤리^{machine ethics}라 불린다. 기계윤리 전문가들은 사람과 로봇 모두에게 이로운 행동을 하는 윤리적 로봇^{ethical robot}의 개발을 촉구한다.

이 「보고서」는 "윤리기술 대변자가 인공지능의 윤리와 도덕적 책임을 논의하는 능력이 없으면 로봇혁명은 인공지능 종말론의 위협에 대한 공포 앞에서 비틀거리게 될지 모른다"고 우려를 표명한다.

❸ 디지털 문화 해설가^{digital cultural commentator}

한 장의 그림이 수천 마디 말보다 효과적이라는 속담이 있는 것처럼 인스타그램^{Instagram}과 핀터레스트^{Pinterest}처럼 시각을 기반으로 하는 소셜 미디어 네트워크가 젊은이들 사이에서 트위터와 페이스북처럼 문자에 기반한 소셜 네트워킹 서비스^{SNS}를 대체하는 추세이다. 인스타그램은 스마트폰으로 찍은 사진을 공유하는 서비스이고, 핀터레스트는 이미지를 공유하고 검색하는 서비스이다. 소셜 미디어는 다수의 의견·생각·경험·관점을 서로 공유하는 온라인 도구이자 매체이다.

2025년까지 시각 기반 소셜 미디어가 대세가 될 것이므로 대중에게 문화를 시각적으로 해설하는 새로운 직업이 인기를 끌게 된다. 이른바 디지털 문화 해설가는 문화와 예술에 대한 해박한 지식을 보유해야 하므로, 예술사·문화연구·큐레이션[curation]을 공부할 필요가 있다. 큐레이션은 미술관과 박물관에 전시되는 작품을 기획하고 설명하는 큐레이터처럼, 인터넷에서 원하는 콘텐츠를 수집하여 공유하고 가치를 부여하여 다른 사람에게 소개할 수 있도록 도와주는 서비스를 의미한다. 차세대 시각 기반 소셜 미디어를 주도할 디지털 문화 해설가는 박물관이나 미술관에 소장된 예술작품을 인터넷 공간에서 일반대중에게 소개하는 역할도 수행하게 될 것 같다.

04 자유계약 생명공학자[freelance biohacker]

과학이 대학이나 연구소에 종사하는 사람들의 전유물에서 벗어나 제도권 밖의 전문가, 곧 시민과학자[citizen scientist]의 영향권에 들어가는 추세이다. 미국의 경우, 기업 연구진이 수익성이 없다는 이유로 연구개발을 포기한 사업을 프리랜서(자유계약) 생명공학자가 추진할 수 있게끔 각종 지원을 아끼지 않는 사례가 늘어나고 있다. 특히 크리스퍼-카스9[CRISPR-Cas9]라 불리는 유전자 편집기술을 전 세계의 수많은 과학자가 사용하여 질병 퇴치를 위해 협동함에 따라 프리랜서 생명공학자의 활동공간이 확대일로에 있다. 2012년 발견된 크리스퍼는 특정 염기서열을 인식하여 절단하고 편집하는 유전자

가위이다.

자유계약 생명공학자라 불리는 시민과학자들은 크리스퍼 유전자 가위 기술을 활용하여 차세대 항생제 개발, 유전자 변형 생물 창조, 멸종동물 복원 작업과 같은 실적을 냄으로써 생명공학 발전에 공헌할 것으로 전망된다.

이 보고서는 "2025년까지 시민과학은 개인적 취미에서 세계적 영역으로 발전하여 탄탄한 생명공학 지식과 기업가정신을 겸비한 수백만 명의 대학 졸업생들에게 프리랜서 경력을 제공하게 될 것"이라며, 자유계약 생명공학자를 2025년까지 새로 생길 네 번째 인기 직업으로 손꼽는다.

❺ 만물인터넷 데이터 창조자 IoT data creative

2025년까지 우리의 집과 사무실은 세탁기·냉장고·전력 제어 장치 등 모든 물건이 정보통신 네트워크로 연결되어 물건과 물건끼리, 물건과 사람 사이에 항상 지속적으로 정보를 교환하게 된다. 이처럼 수십억 개의 사물이 연결된 만물인터넷은 2013년 1.9조 달러에서 2020년 7.1조 달러로 시장이 급성장한다.

만물인터넷에 연결된 장치는 가령 식품 재고 파악, 건강 상태 감시, 기계 고장 탐지 등 많은 보탬이 되지만, 그로부터 실시간으로 생산되는 데이터의 홍수 속에서 의미 있는 정보를 찾아내는 일은 새로운 도전이 되고 남는다. 다시 말해 데이터를 잘 걸러내서 그 안에 담긴 의미를 찾아내는 일을 전문적으로 하는 새로운 직업이 필요하게 된다. 만물인터넷 데이터 창조자로 명명된 전문가 집단은 날마다 우리의 옷, 집, 자동차, 사무실에서 실시간으로 발생하고 있는 데이터의 물결 속에서 그 데이터가 지닌 의미를 찾아내는 작업을 한다.

만물인터넷 데이터 창조자는 두 가지 능력을 구비할 필요가 있다. 첫째, 패턴을 인식pattern recognition하는 정교한 능력이다. 이 능력은 만물인터넷에 연결된 장치와 장치 사이에, 또는 장치와 사람 사이에 교환되는 데이터 중에서 무엇이 중요하고 무엇이 중요하지 않은지 패턴을 인지하는 핵심요소이다. 둘째, 타고난 스토리텔링 능력이다. 각종 장비가 생산하는 데이터를 의미 있는 정보로 가공해서 사용자에게 마치 이야기처럼 이해하기 쉽도록 전달하려면 아무래도 스토리텔링의 접근방법이 효과적일 수밖에 없다.

이 「보고서」는 "아마도 이러한 미래의 전문가에게 필요한 가장 핵심적인 재능은 과감한 기업가정신일 것"이라며, "만물인터넷을 더 잘 만들기 위해 만물인터넷을 창조적으로 파괴하는 방법에 관해 끊임없이 질문을 던져야 할 것"이라고 덧붙인다.

2025년 이후 실현될 유망직업

「마이크로소프트 보고서」는 2025년 이후부터 각광을 받기 시작할 직업 다섯 개를 그 개념 위주로 소개한다.

❶ 우주여행 안내자 space tour guide

2020년대 중반에 우주선을 타고 외계의 별로 날아가게 되면 우주여행도 유망한 산업으로 부상할 전망이다. 따라서 외계행성으로 떠나는 우주선 안에서 해박한 지식으로 탑승객에게 우주에 관한 이야기를 들려주는 직업도 각광을 받게 된다.

❷ 개인 콘텐츠 큐레이터 personal content curator

2020년대 후반까지 소프트웨어-뇌 인터페이스 software-brain interface 가 실현된다. 이는 사람의 생각, 기억, 꿈을 읽고 포착할 수 있게끔 하는 기술을 의미한다. 박물관에 전시되는 예술 작품을 기획하고 설명하는 큐레이터처럼, 소프트웨어-뇌 인터페이스 기술을 사용하여 개인의 마음속을 들여다보고 그 안에 담긴 소중한 기억이나 경험을 남에게 보여주기 쉽도록 손질하는 개인 콘텐츠 큐레이터가 인기 직업으로 출현한다.

❸ 재야생화 전략가 rewilding strategist

2025년 90억 명의 인구가 대도시에 몰려 살기 때문에 자연생태계는 한계에 도달한다. 재야생화 전략가가 새로운 직업으로 등장하는 이유이다. 재야생화는 생태계를 보존하고 생물다양성 파괴 속도를 늦추는 방법을 모색하는 것을 뜻한다. 재야생화 전략가는 특정 지역을 더욱 야생적인 상태로 만들거나 포획동물을 자연 서식지로 돌려보낼 뿐만 아니라 멸종된 생물을 복원하여 기후변화에 적응하도록 만드는 일도 한다.

④ 지속가능 에너지 혁신가 sustainable power innovator

2020년대 중반에는 기후변화와 자원 고갈로 화석연료에 기반한 경제체제를 탈피하는 일이 인류사회의 급선무가 된다. 화석연료의 대안으로는 재생에너지가 가장 유력하다. 인류사회의 지속가능발전 sustainable development 을 위해 다양한 에너지기술을 연구하는 지속가능 에너지 혁신가가 절실히 요구된다.

⑤ 인체 디자이너 human body designer

2025년에는 생명공학의 발전으로 인간의 평균수명이 100세를 넘을 전망이다. 생명공학기술을 이용하여 피부색이나 얼굴 모양은 물론 팔다리까지 구조와 기능을 향상시킬 수 있게 됨에 따라 인체를 설계하는 직업도 2025년 이후부터 각광을 받기 시작한다.

04

2030년 게임
체인저 기술

2013년 1월 21일 집권 2기를 시작하는 버락 오바마 미국 대통령이 취임 직후 일독해야 할 보고서 목록 중에는 「2030년 세계적 추세Global Trends 2030」가 들어 있다. 이 보고서는 중앙정보국CIA, 연방수사국FBI 등 미국의 정보기관을 총괄하는 국가정보위원회NIC: National Intelligence Council가 펴냈다. 1979년 설립된 NIC는 미국의 중·장기 전략을 마련하는 정보기구로서 대통령 선거가 치러지는 해에 새 행정부의 장기 전략 수립을 위하여 세계 전망 보고서를 발간한다.

2012년 12월 10일 발표된 「2030년 세계적 추세」는 "미래는 메가트렌드megatrend, 게임 체인저game changer, 무엇보다 인간행위자human agency 사이의 상호작용의 결과"로 전제하고, 2030년대에 예상되는 거대한 사회적 동향, 곧 메가트렌드를 네 가지 선정함과 아울러 사회의 판도를 확 바꿀 변수, 곧 게임 체인저로 여섯 가지를 제시한다.

4대
메가트렌드

「2030년 세계적 추세」는 메가트렌드로 △개인 권한 신장, △국가 권력 분산, △인구 양상 변화, △식량·물·에너지 연계 등 네 가지를 선정한다.

❶ 개인 권한 신장

향후 15~20년 동안에 빈곤 감소, 전 지구적인 중산층 급증, 교육 기회 확대, 새로운 통신 및 제조기술 확산, 건강관리(헬스 케어) 발전 등에 힘입어 개인의 권한이 급속도로 신장된다.

개인 권한 신장이 가장 중요한 메가트렌드로 꼽힌 까닭은 다른 세 가지 메가트렌드의 원인임과 동시에 결과이기 때문이다.

❷ 국가 권력 분산

국제정치 무대에서 권력이 분산되는 추세이므로 미국이든 중국이든 절대 패권국가가 될 수 없을 것이다.

2030년이 되면 아시아가 국내총생산GDP, 인구 규모, 군사비 지출, 기술 투자 등에 기반한 국제적 능력에서 북미와 유럽을 합친 것보다 더 큰 힘을 갖게 될 것이다. 특히 중국은 2030년이 되기 몇 년 전에 미국을 제치고 세계 최대의 경제대국으로 부상할 것이다.

❸ 인구 양상 변화

2030년 세계 인구는 83억 명이 될 것으로 추산된다. 인구 폭발, 노령화, 젊은 인구 감소, 도시화와 같은 네 가지 인구 양상의 변화가 대부분의 국가에서 경제적·정치적 조건을 결정한다.

세계 인구의 60%가 도시에서 거주하게 된다. 개발도상국의 경우 급속한 도시화로 향후 40년간 주택과 사무실의 건설 규모가 인류 역사 이래 오늘날까지 건설된 것을 모두 합친 전체 규모와 맞먹는다.

❹ 식량·물·에너지 연계

지구촌 인구의 증가, 특히 중산층의 소비 형태로 식량은 35%, 물은 40%, 에너지는 50% 수요가 더 늘어난다. 이러한 세 가지 자원의 수요 증가는 결국 기후변화 문제를 악화시키지만 해결 방안을 찾아내기는 쉽지 않을 것이다. 왜냐하면 이 세 가지 자원은 서로 수요와 공급이 연계되어 있기 때문이다.

6대
게임 체인저

「2030년 세계적 추세」 보고서는 이러한 4대 메가트렌드가 지배하는 2030년대 인류사회의 판도를 바꿀 변수로 여섯 가지 게임 체인저를 제시한다.

01 위기에 취약한 세계 경제

국제경제는 국가 또는 지역별 경제성장 속도가 제각각이어서 국제적 불균형을 악화시키고 있다. 게다가 세계 경제를 주도하는 세력의 부재로 불안정성이 가중되고 있다. 이러한 불안정성의 증대로 세계 경제가 붕괴될지 두고 볼 일이다.

세계 경제는 개발도상국의 영향을 갈수록 많이 받게 될 것이다. 왜냐하면 개발도상국은 이미 세계 경제성장의 50%, 세계 투자규모의 40% 이상을 점유하고 있기 때문이다. 중국은 현재 미국보다 1.5배 더 세계 경제에 기여하고 있으며, 2025년까지 세계 경제성장의 3분의 1가량을 감당할 것으로 전망된다.

02 거버넌스 간격 governance gap

향후 15~20년 동안 국제 권력이 오늘날보다 더 분산되기 때문에 갈수록 많은 국가가 거버넌스(관리) 역할을 맡게 될 것 같다. 국제문제 해결에 많은 나라가 참여하면 그만큼 더 의사결정과정이 복잡해

질 뿐만 아니라 자주 합의를 끌어내지 못해 거버넌스는 다극체제 multipolarity 가 될 것이다.

또한 새로운 정보통신기술의 광범위한 보급이 거버넌스에 양날의 칼이 될 가능성이 크다. 한편으로는 소셜 네트워킹social networking이 시민이 연합하여 정부에 반기를 들게 할 수 있지만, 다른 한편으로는 정부가 그런 기술을 사용하여 국민을 감시할 수도 있기 때문이다.

⑬ 갈등 심화의 가능성

국내 또는 국가 간 갈등의 빈도와 강도가 줄어들 것으로 전망할 근거는 없는 것 같다. 먼저 국내 갈등은 정치적으로 반대하는 소수 종족 젊은이가 많은 나라에서 갈수록 증가하고 있다. 터키·레바논·태국 등이 좋은 예이다.

국가 간 갈등의 위험도 국제관계의 변화로 갈수록 커지고 있다. 세계 경찰로서 미국의 역할이 약화되면서 아시아와 중동에서 불안정성이 커지고 있다.

현재의 회교도 테러는 2030년까지는 종료될지도 모른다. 그러나 테러 자체가 완전히 근절될 것 같지는 않다. 가령 컴퓨터 시스템을 공격하는 해커들이 테러집단과 손잡으면 경제적으로 대규모의 파괴 활동을 도모할 수 있기 때문이다.

⑭ 광범위한 지역 불안정성

중동과 남부 아시아가 국제적 불안정성을 야기할 가능성이 가장 높은 대표적인 지역이다. 중동에서는 젊은이들이 독재 정권에 반기를 들 경우 불안정성이 고조될 수밖에 없다. 남부 아시아도 향후 15~20년간 나라 안팎으로 충격에 직면할 전망이다. 파키스탄·아프가니스탄·인도에서 젊은이들이 무능한 정부의 경제정책을 비판하면서 집단 움직임에 나설 가능성을 배제할 수 없기 때문이다. 특히 갈수록 다극체제가 되는 아시아에서 지역 안전을 보장하는 장치가 없어 긴장이 고조되면 세계적으로 최대의 위협이 될 수 있다.

중국의 힘과 민족주의가 강화되고 아시아에서 미국의 영향력이 줄어들면 그만큼 지역 불안정성이 증대할 것이다. 요컨대 불안정한 아시아는 세계 경제에 가장 크게 피해를 안겨주게 된다.

❺ 새로운 기술의 충격

2030년까지 세계의 경제·사회·군사·환경 문제 해결에 필요한 기술은 △정보기술, △자동화 및 제조기술, △자원기술, △보건기술 등 네 가지가 손꼽힌다.

이러한 4대 기술이 경제적 생산성을 끌어올리고, 세계인구의 증가, 급격한 도시화, 악화일로의 기후변화 등으로 야기되는 전 지구적인 문제를 해결해줄지 지켜볼 일이다.

❻ 미국의 역할

미래의 국제질서 형성에서 미국이 새로운 동반자들과 협력하는 방법만큼 중요한 변수는 없다. 왜냐하면 국제관계에서 미국이 맡게 될 역할을 예측하는 것이 어렵기 때문이다. 다시 말해 미국이 어느 정도까지 국제관계에서 영향력을 행사하게 될지 미지수이다.

미국은 아마도 2030년에 '우신 책임자first among equals' 역할을 할 가능성이 가장 높지만 여러 강대국의 출현으로 1945년 제2차 세계대전 이후 미국이 강력한 국력을 바탕으로 국제 평화 질서를 이끈 이른바 팍스 아메리카나Pax Americana 시대는 급속도로 종언을 고하게 된다. 그렇다고 2030년까지는 다른 어떤 세계적 권력도 미국을 대체하고 새로운 국제질서를 형성할 가능성은 거의 없어 보인다.

미국의 힘이 국제관계에서 붕괴하거나 급속도로 퇴각하면 세계적 무정부 상태가 지속되는 기간이 연장되는 결과를 초래할 가능성이 매우 높다.

4대 게임 체인저 기술

「2030년 세계적 추세」는 이러한 4대 메가트렌드와 6대 게임 체인저가 지배하는 2030년의 지구촌 문제를 해결하기 위해서 무엇보다 기술혁신이 필요하다고 강조하고, 향후 15~20년 동안 세계시장 판도를 바꿀 게임 체인저 기술로 ⑴ 정보기술, ⑵ 자동화 및 제조기술, ⑶ 자원기술, ⑷ 보건기술 등 네 가지를 선정한다.

먼저 ⑩ **정보기술**의 경우 2030년 세계를 바꿀 3대 기술로 △데이터 솔루션data solution, △소셜 네트워킹기술, △스마트도시smart city기술을 꼽았다.

데이터 솔루션은 정부나 기업체에서 재래의 기술로 관리하기 어려운 대규모의 자료, 곧 빅데이터big data를 효율적으로 수집·저장·분석하고 가치 있는 정보를 신속히 추출해내는 기술을 의미한다. 데이터 솔루션기술이 발달함에 따라 정부는 빅데이터를 활용하여 정책을 수립하게 되고, 기업은 시장과 고객에 관한 대규모 정보를 융합하여 경영 활동에 결정적인 자료를 뽑아내게 된다. 그러나 데이터 솔루션기술이 악용될 경우, 선진국에서는 개인 정보가 보호받기 어렵게 되고, 개발도상국가에서는 정치적 반대 세력을 탄압하는 수단이 될 수도 있다.

소셜 네트워킹기술은 오늘날 트위터나 페이스북처럼 인터넷 사용자의 사회적 연결망을 구축하는 도구에 머물지 않고 정부와 기업체에도 유용한 정보를 제공하게 된다. 소셜 네트워킹기술로 인터넷 사용자 집단의 특성과 동태를 파악하면, 가령 기업은 맞춤형 판매 전략을 수립하고, 정부는 범죄 집단 또는 반대 세력을 색출할 수도 있을 것이다. 소셜 네트워킹기술 역시 개인·기업·정부에 유용한 정보 교환 수단이긴 하지만, 사용자의 사생활(프라이버시)이 침해될 가능성이 높다.

스마트도시기술은 정보기술을 기반으로 도시를 건설하여 정보기술로 행정·교통·통신·안전 등 도시의 제반 기능을 관리하는 것을 의미한다. 스마트도시는 정보기술을 사용하여 시민의 경제적 생산성과 삶의 질을 극대화함과 아울러, 자원 소비와 환경오염을 극소화한다. 스마트도시의 시민은 휴대전화로 도시의 첨단 시설에 접속하여 다양한 서비스를 제공받는다. 향후 20년 동안 전 세계적으로 35조 달러가 스마트도시 건설에 투입될 전망이다. 특히 아프리카와 남미 등의 개발도상국가에서 대규모 투자가 예상된다.

⑫ **자동화 및 제조기술**은 2030년 선진국과 개발도상국에서 생산방식과 노동 형태에 혁신적인 변화를 초래할 잠재력이 큰 분야로 △로봇공학, △자율운송수단, △첨가제조additive manufacturing 등 세 가지가 언급되었다.

로봇공학의 발전으로 오늘날 전 세계적으로 120만 대를 웃도는 산업용 로봇이 공장에서 작업을 하고 있으며, 다양한 종류의 서비스 로봇이 가정·학교·병원에서 사람에게 도움을 주고 있다. 전쟁터에서 작전에 투입되는 군사용 로봇도 적지 않다. 이러한 추세대로 간다면 2030년까지 사람에 버금가는 능력을 갖춘 로봇이 공장에서 사람을 완전히 대체하는 생산 자동화가 완성될지도 모른다. 서비스 로봇도 병원에서 환자를 돌보거나 노인의 일상생활을 도와주는 기능이 향상되어 향후 20년간 한국과 일본처럼 노령화가 급속히 진행되는 사회에서 광범위하게 보급될 것으로 전망된다.

자율운송수단은 사람의 도움을 전혀 받지 않고 스스로 움직이는 탈것을 의미한다. 사람이 타지 않는 무인병기인 무인항공기나 무인지상차량이 자율적으로 작전을 수행하게 되면 전쟁의 양상이 완전히 달라지게 된다. 자율운송수단은 광업과 농업에서도 사람 대신 활용되어 비용을 절감하고 생산성을 높인다. 특히 스스로 굴러가는 자동차는 도시 지역의 교통 체증을 완화하고 교통사고를 줄이는 데 기여할 것이다. 이러한 스마트 자동차의 성공 여부는 무엇보다 사회적 수용 태세에 달려 있다. 사람들이 자동운행 자동차에 기꺼이 운전하는 권한을 넘겨줄는지는 두고 볼 일이다. 자율운송수단이 테러 집단의 수중에 들어가면 인류의 생존이 위협받을 가능성도 배제할 수 없다.

첨가제조는 3차원 인쇄^{3D printing}라고도 불린다. 3차원 프린터를 사용하여 인공 혈관이나 기계 부품처럼 작은 물체부터 의자나 심지어 무인항공기 같은 큰 구조물까지 원하는 대로 바로바로 찍어내는 맞춤형 생산 방식이다. 1984년 미국에서 개발된 3D 인쇄는 벽돌을 하나하나 쌓아올려 건물을 세우는 것처럼 3D 프린터가 미리 입력된 입체 설계도에 맞추어 고분자 물질이나 금속 분말 따위의 재료를 뿜어내어 한 층 한 층 첨가하는 방식으로 제품을 완성한다. 2030년까지 3D 프린터의 가격이 낮아지고 기술이 향상되면 대량생산 방식이 획기적으로 바뀔 것임에 틀림없다.

③ **자원기술**이란 세계인구 증가에 따른 식량·물·에너지의 수요 증가에 대처하기 위해 요구되는 새로운 기술을 의미한다. 식량과 물의 경우, △유전자변형^{GM: genetically modified} 농작물, △정밀농업^{precision}

agriculture, △물 관리water management 기술 등의 발전이 기대된다. 한편 에너지의 경우, △생물 기반 에너지와 △태양 에너지 분야에서 문제 해결의 돌파구가 마련될 것으로 전망된다. 특히 식량·물·에너지의 수요가 폭발하는 중국·인도·러시아가 향후 15~20년 동안 새로운 자원기술 개발에 앞장설 것으로 보인다.

유전자변형 농작물은 유전자 이식기술의 발달에 힘입어 지구촌의 식량 문제를 해결하는 강력한 수단이 된다. 콩·옥수수·목화·감자·쌀 따위에 제초제나 해충에 내성을 갖는 유전자를 삽입하여 수확량이 많은 품종을 개발한다.

정밀농업은 물이나 비료의 사용량을 줄여 환경에 미치는 부정적 영향을 최소화하는 한편, 농작물의 수확량을 최대화할 것으로 기대된다. 무엇보다 대규모 농업에만 사용할 수 있는 자동화 농기구의 크기와 가격을 줄여나간다. 소규모 농업에서도 자동화 농기구를 사용함에 따라 농작물의 생산량이 늘어가게 된다.

물 관리기술은 물 부족 위기에 직면한 지구촌의 지속가능한 발전을 위해 결정적으로 중요한 요소이다. 특히 지난 30년 동안 향상된 미세관개micro-irrigation 기술이 가장 효율적인 해결책이 될 것 같다.

에너지의 경우, 생물 기반 에너지와 태양 에너지 모두 화석 연료나 원자력 에너지와의 비용 경쟁력이 문제가 될 것이다. 하지만 정부의 강력한 지원 정책 여하에 따라 지구온난화 문제를 해결하는 대안이 될 수도 있다.

끝으로 ⑭ **보건기술**은 인류의 수명을 연장하고, 신체적·정신적 건강 상태를 개선하여 전반적인 복지를 향상시킬 것으로 전망된다. △질병 관리기술과 △인간의 능력 향상enhancement 기술에 거는 기대가 크지 않을 수 없다.

질병 관리기술은 의사가 질병을 진단하는 데 소요되는 시간을 단축하여 신속히 치료할 수 있게끔 발전한다. 따라서 유전과 병원균에 의한 질병 모두 정확히 진단하는 분자 진단장치가 의학에 혁명을 일으킬 것이다. 분자 진단의 핵심기술인 유전자 서열 분석DNA sequencing의 비용이 저렴해짐에 따라 환자의 유전자를 검사하여 질병을 진단하고 치료하는 맞춤형 의학이 실현된다.

이를테면 진단과 치료를 일괄적으로 처리하는 이른바 진단치료학theranostics이 질병 관리기술의 핵심요소가 된다. 또한 재생의학의 발달로 2030년까지 콩팥과 간을 인공장기로 교체할 수 있다. 이처럼 새로운 질병 관리기술이 발달하여 선진국에서는 수명이 늘어나고 삶의 질이 향상되어갈수록 노령화 사회가 될 테지만, 가난한 나라에서는 여전히 전염병으로 수많은 사람이 목숨을 잃게 될 것이다.

인간 능력 향상기술은 인체의 손상된 감각 기능이나 운동 기능을 복구 또는 보완해주는 신경보철기술이 발전하여 궁극적으로 정상적인 신체의 기능을 향상시키는 쪽으로 활용 범위가 확대된다. 가령 전신마비 환자의 운동신경보철기술로 개발된 뇌-기계 인터페이스BMI: brain-machine interface는 정상적인 뇌에도 적용되어 누구든지 손을 쓰는 대신 생각만으로 기계를 움직일 수 있게 될 것 같다. 또한 일종의 입는 로봇인 외골격exoskeleton이 노인과 장애인의 재활을 도울 뿐만 아니라 군사용으로도 개발되어 병사들의 전투 능력을 증강시킨다. 이러한 인간 능력 향상기술은 비용이 만만치 않아 향후 15~20년 동안 오로지 부자들에게만 제공될 수밖에 없다. 따라서 2030년의 세계는 이러한 기술을 사용하여 능력이 보강된 슈퍼 인간과 그렇지 못한 보통 사람들로 사회계층이 양극화될지도 모른다.

05

2030년 인공지능

2016년 1년 내내 한국사회는 거의 모든 국민이 인공지능에 관심을 갖지 않을 수 없는 상황이었다. 전문가의 연구주제인 인공지능이 일반 대중의 입에 오르내리게 된 이유는 두 가지이다.

하나는 1월에 제46차 다보스 포럼 연례총회에서 처음으로 국제적 화두로 제안된 4차산업혁명의 핵심기술이 인공지능으로 알려졌기 때문이다. 4차산업혁명은 그 후로 지속적으로 한국사회의 미래가 걸린 패러다임인 것처럼 정치인·언론인·경제인의 인구에 회자되었다.

인공지능이 한국사회를 송두리째 뒤흔들어놓은 두 번째 이유는 3월에 인공지능 바둑프로그램인 알파고가 이세돌 9단과의 대국에서 압승을 거두는 장면을 TV 생중계로 지켜보면서 거의 모든 시청자가 인공지능의 위력에 경악을 금치 못했기 때문이다.

한편 2016년에 미국에서 9월, 10월, 12월에 각각 주목할 만한 인공지능 관련 보고서가 발간되었다. 9월에 스탠퍼드대학은 「2030년 인공지능과 생활Artificial Intelligence and Life in 2030」을 발표했고, 미국 백악관은 10월에 「인공지능의 미래를 위한 준비Preparing for the Future of Artificial Intelligence」를, 12월에 「인공지능, 자동화, 경제Artificial Intelligence, Automation, and the Economy」를 펴냈다.

2030년 인공지능과 생활

2014년 가을 스탠퍼드대학은 '인공지능에 관한 100년간 연구One Hundred Year Study on Artificial Intelligence AI 100'를 시작했다. 그러니까 AI 100 프로젝트는 100년 뒤인 2114년까지 지속되는 연구이다. AI 100 프로젝트는 2016년 9월 그 첫 번째 성과물로 「2030년 인공지능과 생활」이라는 제목의 보고서를 펴냈다. AI 100 보고서는 5년마다 수정·보완될 예정이다.

「2030년 인공지능과 생활」은 15년 뒤인 2030년까지 인공지능의 발전과 이에 따른 사회적 충격을 분석한다. 미국의 전형적인 도시를 중심으로 △교통, △가사 및 서비스 로봇, △건강관리(헬스케어), △교육, △빈곤지역low-resource community, △공공의 안전 및 보안, △고용 및 직장, △엔터테인먼트 등 8개 영역에서 인공지능이 수백만 명의 일상생활에 미치는 영향을 전망하고 분석한다.

❶ 교통

「보고서」는 "교통이 인공지능기술의 신뢰도와 안전성을 신뢰할지 여부를 일반대중이 판단하는 첫 번째 영역의 하나가 될 것"이라 강조하고, 자율주행 자동차가 보편화될 것으로 예상한다. 이어서 "자동차가 사람보다 운전을 더 잘하게 됨에 따라 도시 사람들은 거의 차를 소유하지 않고, 직장에서 좀 더 멀리 떨어진 곳에 거주하면서 다양하게 생활을 즐기게 될 것이므로 완전히 새로운 도시 체계가 필요하게 될 것"이라고 전망한다. 요컨대 자율주행 자동차가 일상화되면 차량을 소유하는 대신에 공유하는 쪽을 선호하는 사람이 늘어나게 되므로 도시 교통량과 주차 수요도 감소하여 도시 및 공공 공간의 설계 방식에 영향을 미칠 수밖에 없다.

❷ 가사 및 서비스 로봇

2001년부터 로봇청소기가 판매된 이후 집안일을 거들거나 노약자를 돌보는 가사 로봇이 보급되었다. 2030년 서비스 로봇은 딥러닝기술에 의해 사람의 말을 이해하고 이미지를 판독할 수 있게 되므로 가정에서 사람과 로봇의 상호작용이 좀 더 원활해질 전망이다.

❸ 건강관리(헬스케어)

보고서는 "인공지능 기반 응용분야가 미래에 수백만 명의 건강과 삶의 질을 개선할 것"이라며 건강관리는 오랫동안 인공지능기술이 크게 활용될 영역으로 여겨졌음을 강조한다. 무엇보다 앞으로 15년 뒤, 곧 2030년에 임상의사는 인공지능 덕분에 진료 업무가 한결 수월해진다. 오늘날 의사들은 환자로부터 질병에 관한 설명을 듣고 경험과 직관으로 진단을 하지만, 2030년 의사들은 진단 업무를 자동화하는 인공지능 프로그램을 사용할 수 있기 때문이다.

환자 수백만 명의 진료 기록을 인공지능으로 분석하여 의사들이 질병에 관한 자료를 활용하게 되면 환자에게 맞춤형 진단과 치료를 제공할 수 있으므로 사회적으로 건강관리 기능이 향상된다.

2030년에는 환자의 건강을 돌보거나 의사의 수술을 지원하는 자동 장치, 곧 건강관리 로봇이 널리 활용된다. 건강관리 로봇은 수명이 늘어남에 따라 증가하는 노인의 일상생활에 필요불가결한 존재가 될 것으로 전망된다.

❹ 교육

보고서는 "지난 15년간 교육에서 괄목할 만한 인공지능 발전이 있었다"고 전제한다. 인공지능이 모든 수준에서 교육을 향상시켰다는 것이다. 그러나 "건강관리의 경우와 비슷하게 유망한 인공지능 기술로 사람의 상호작용과 마주보고 하는 학습을 최선으로 통합하는 방법을 해결하는 것은 여전히 핵심적인 숙제로 남아 있다"고 단서를 단다.

인공지능이 교육에 활용된 대표적인 사례는 교육용 로봇과 지능형 개인교습 시스템ITS: Intelligent Tutoring System이다. 로봇은 1980년대부터 교육용 장치로서 인기가 있었으며, 가정교사처럼 학생들과 상호작용하는 ITS는 과학·수학·언어 학습에 활용되었다. 특히 인공지능의 자연언어 처리NLP: Natural Language Processing 기술이 기계학습과 결합하면 온라인 공개수업MOOC: Massive Open Online Courses과 같은 온라인 교육 과정이 확대되어 교사들은 수강생 규모를 늘림과 동시에 학생들을 개별적으로 지도할 수도 있게 된다.

보고서는 "향후 15년간 지능 가정교사intelligent tutor처럼 교사를 지원하는 인공지능기술이 전형적인 미국 도시의 학교와 가정에서 광범위하게 활용될 것"이라고 전망하면서도 "컴퓨터 기반 학습 시스템이 학교에서 교사들을 완전히 대체할 것 같지는 않다"고 덧붙였다. 요컨대 "인공지능 기법이 공식적인 학교 교육과 자기주도의 개인적 학습 사이의 경계를 갈수록 모호하게 만들 것"이므로 공교육 제도가 소멸하지는 않을 테지만 갈수록 많은 학생들이 MOOC와 같은 온라인 교육을 활용하여 자기 진도에 맞추어 공부를 하게 될 것임에 틀림없다.

⑤ 빈곤지역

보고서는 "인공지능이 전형적인 미국 도시의 빈곤지역에 거주하는 사람들의 생활 여건을 향상시킬 기회가 많다"고 전제하고, 한 가지 사례로 예측모델predictive model 접근방법을 제시한다.

인공지능은 이른바 사회적 선을 위한 데이터 과학DSSG: Data Science for Social Good이라는 기치 아래 정부 기관이 제한된 예산을 각종 사회적 문제 해결에 좀 더 효과적으로 사용할 수 있게끔 예측 모델을 창안하고 있다. 예측 모델은 빈곤 지역의 공중위생, 임산부, 법규 위반 등에 관련된 문제 해결에 활용된다.

보고서는 인공지능이 빈곤지역에 직접적으로 기여하는 것을 이해하게 되면 "개발도상국의 가장 가난한 지역에도 기여할 가능성이 있음"을 알 수 있다고 강조한다.

⑥ 공공의 안전 및 보안

"2030년까지 전형적인 미국 도시는 공공의 안전과 보안을 위해 인공지능기술에 크게 의존할 것"이라고 전망한 보고서는 그 사례로 △범죄 가능성이 있는 특이사항을 감지하는 감시용 카메라, △신용카드 위조와 같은 화이트칼라 범죄를 탐지하는 인공지능 분석론analytics, △범죄가 언제 어디에서 누구에 의해 발생할지 사전에 예측하는 인공지능 기법을 열거한다.

그러나 이러한 인공지능기술은 사생활을 침해할 소지가 있으므로 사회적으로 합의를 끌어내야 함은 물론이다.

⑦ 고용 및 직장

보고서는 인공지능이 사회에 미칠 영향 중에서 가장 민감한 문제의 하나인 고용에 대해 다음과 같이 언급한다.

- 인공지능기술이 전형적인 미국 도시에서 고용과 직장의 미래
에 지대한 영향을 미칠 가능성이 높지만, 그것이 긍정적일지
부정적일지 정확하게 평가하기는 쉽지 않다.
- 인공지능은 불행히도 가끔 "생활수준에 혜택이라기보다는 직
업에 대한 위협"으로 간주된다. 심지어 "인공지능의 발전이 너
무 급속해서 한 세대 만에 인류의 모든 직업을 대체할 것"이라
고 공포감에 사로잡힌 사람들도 적지 않다. 그러나 이런 시나리
오는 그럴 가능성이 거의 없다. 인공지능은 서서히 거의 모든
고용 영역에 침투해서 인간의 노동을 대체할 것으로 전망된다.
- 인공지능은 가까운 장래에 직업^{job}보다는 작업^{task}을 대체하고
새로운 종류의 직업도 창출할 것 같다. 그러나 새로 생길 직업
을 미리 상상하는 것은 앞으로 사라질 현재의 직업을 예측하는
것보다 쉽지 않다.
- 인공지능은 직장의 규모와 위치에 영향을 미친다. 많은 조직과
기관은 직장의 거점을 넓히는 수평적 방법이나, 관리의 계층구
조를 늘리는 수직적 방법으로 오로지 사람의 노동력을 추가하
여 기능을 수행하기 때문에 그 규모가 크다. 그러나 인공지능
은 많은 기능을 처리하기 때문에 기존 조직처럼 규모가 커질
필요가 없게 된다.
- 인공지능이 인간의 인지적인 직업에 미칠 경제적 영향은 자동

화와 로봇공학이 제조 분야에서 인간에 미친 영향과 유사할 것이다. 제조 부문에서 노동이 지적 재산을 소유하는 것에 견주어 덜 중요한 요소가 되기 때문에 근로자 대부분은 자신의 노동 가치가 사회적으로 수용 가능한 생활수준을 유지하는 데 필요한 금전적 보상을 받기 어렵다는 사실을 깨닫는다. 이러한 변화는 순전히 경제적인 반응보다는, 많은 사람을 경제적 변화로부터 보호하는 데 어떤 사회안전망social safety net이 필요한지를 검토하는 정치적인 반응을 요구한다.

- 단기적 측면에서 이러한 노동시장의 변화가 초래할 충격을 완화하려면 교육과 재교육이 필요하고, 장기적 측면에서는 기존 사회안전망을 모든 사람에게 건강관리나 교육 또는 기본소득 보장 같은 사회적 지원을 더 잘 제공할 수 있는 방향으로 발전시켜야 할 것이다.

- 인공지능기술의 경제적 성과를 어떻게 공유할지 사회적 논의를 하는 것은 결코 시기상조가 아니다.

보고서는 "전통사회의 어린이들이 나이든 부모를 부양하는 것처럼 아마도 인공적인 지능을 가진 우리들의 '아이들'이 그들 지능의 '부모'인 우리들을 부양하게 될 것"이라고 전망한다. 이 대목에서 한스 모라벡의 『마음의 아이들mind children』을 떠올리는 사람이 적지 않을 줄로 안다.

⓼ 엔터테인먼트

인공지능은 "엔터테인먼트가 갈수록 더 상호작용하고, 더 개인화하고, 더 몰입하게 만들 것"이다.

「2030년 인공지능과 생활」 보고서는 "언론에서 인공지능의 미래를 환상적으로 예측하는 것과는 달리 인공지능이 인류에게 즉각적인 위협이 될 것이라고 볼 만한 이유를 찾아내지 못했다"면서, "만일 사회가 공포와 의심으로 인공지능에 접근하면 인공지능의 발전을 늦추는 빌미가 되어 결국 인공지능기술의 안전과 신뢰도를 확보할 수 없게 될 것"이라고 우려를 표명한다. 보고서는 "사회가 좀 더 열린 마음으로 인공지능에 접근하면 앞으로 개발될 기술이 인류사회를 더 좋게 변화시키게 될 것"이라고 결론을 내린다.

한국사회에서는 인공지능을 4차산업혁명의 핵심기술로 여기고 있지만 2030년 인공지능의 산업 측면을 다룬 이 보고서에서 4차산업혁명이라는 단어를 단 한번도 사용하지 않고 있다.

미국 백악관의 인공지능 보고서

미국 백악관은 10월과 12월에 각각 인공지능 보고서를 발간했다. 10월에 백악관 직속 국가과학기술위원회NSTC: National Science and Technology Council가 발표한 「인공지능의 미래를 위한 준비」는 "인공지능기술의 발전은 보건·교육·에너지·환경과 같은 핵심적인 영역에서 새로운 시장과 새로운 발전 기회를 제공하고 있다"면서, 인공특수지능^{ASI}은 특정 분야에서 인간의 능력을 앞서고 있지만 인공일반지능^{AGI}은 "향후 20년, 곧 2035년까지 실현될 가능성이 거의 없다"고 전망한다. 보고서는 △인공지능의 현황, △인공지능 응용분야, △인공지능의 발전에 따라 사회와 공공정책에 대두되는 질문을 다루고, 인공지능 기반 준비를 위해 필요한 권고 사항 23개를 미국 정부에 제안한다.

보고서는 "인공지능이 단기적으로 경제에 미칠 영향은 예전에 자동화될 수 없었던 작업의 자동화일 것"이라면서, 이로 인해 생산성이 향상되고 부가 창출될 테지만 일부 직업의 수요가 감소될 수밖에 없는 상황에 대한 대책을 다음과 같이 제시한다.

"미국대통령경제자문위원회^{White House Council of Economic Advisors}의 분석에 따르면 자동화의 부정적 효과가 저임금 직업에서 가장 클 것이며, 인공지능 기반 자동화가 덜 교육받은 노동자와 더 교육받은 노동자 사이의 임금 격차를 확대시켜 경제적 불평등을 심화시킬 위험이 있다. 공공정책은 노동자를 재교육해서 자동화를 보완하는 직업에 종사하게끔 기회를 부여함으로써 이런 위험에 대처할 수 있다. 공공정책은 인공지능에 의해 창출된 경제적 혜택이 모든 사람에게 널리 공유되도록 할 수 있다."

이런 맥락에서 보고서는 미국 연방정부가 인공지능의 긍정적인 측면은 극대화하고 위험 요소는 사전에 대처하는 정책을 펼쳐줄 것을 23개 항목으로 권고한다.

- 권고 제1항: 민간 및 공공기관은 사회에 이로운 방식으로 인공지능과 기계학습을 책임 있게 활용할 수 있는지 여부와 그 방법을 검토하도록 한다.
- 권고 제18항: 학교와 대학은 인공지능·기계학습·컴퓨터과학·데이터과학과 같은 교과과정의 핵심 부분으로 윤리·보안·프라이버시·안전에 관련된 주제를 포함시켜야 한다.

이어서 12월에 미국 대통령실EOP: Executive Office of the President이 펴낸 「인공지능, 자동화, 경제」는 인공지능 기반 자동화가 미국의 노동시장과 경제에 미칠 파급효과를 심층 분석하고 미국 정부의 정책적 대응에 필수적인 전략을 제시한다.

보고서는 "기술은 운명이 아니다. 경제적 유인책과 공공정책이 기술 변화의 방향과 파급효과를 결정하는 데 중요한 역할을 할 수 있다"면서 정부 기관이 정책적 대응을 올바르게 한다면 "첨단자동화로 생산성, 높은 수준의 고용, 좀 더 많은 사람에게 널리 공유되는 번영 등 이 세 마리 토끼를 모두 잡을 수 있다"고 주장한다. 보고서가 제안하는 정책적 대응의 전략은 세 가지이다.

△전략 1: 많은 혜택을 창출하기 위해 인공지능에 투자하고 개발한다.

△전략 2: 미래의 일자리를 위해 미국인을 교육하고 훈련한다.

△전략 3: 경제성장의 광범위한 공유를 보장하기 위해 직업이동 중인 노동자를 지원하고 노동자의 역량을 강화하도록 한다.

· 전략 1: **많은 혜택을 창출하기 위해 인공지능에 투자하고 개 발한다.**

인공지능에 제대로 투자하고 다양하며 규모가 확대된 인공지능 관련 노동력을 지원하는 정부정책을 펼친다면 미국은 생산력을 향상시키고 인공지능 분야에서 전략적 우위를 유지할 수 있다.

❶ 인공지능 연구개발에 투자한다.

인공지능 연구자들은 인공지능의 급속한 발전과 광범위한 활용에 대해 낙관적이다. 따라서 인공지능 연구에 미국 연방기금을 증액할 것을 요구하는 목소리가 강력하다.

❷ 사이버방어 cyberdefence **와 사기 탐지를 위한 인공지능을 개발한다.**

인공지능과 기계학습은 사이버위협을 감지하고 신속한 대응 태세를 유지할 수 있도록 지원한다. 미래의 인공지능 시스템은 사이버공격을 예측하는 작업도 수행 가능하다. 또한 인공지능은 사기성 금융거래와 사기성 메시지를 탐지하는 데 널리 사용된다.

⓪③ 규모가 더 크고 더 다양한 인공지능 인력을 개발한다.

인공지능 인력의 범주에는 △인공지능 기초연구를 책임지는 연구원 집단, △인공지능기술을 응용하는 전문가 집단, △인공지능기술을 실생활에 사용하는 이용자 집단이 포함된다. 연구원 집단의 경우, 인공지능 훈련은 본질적으로 학제적인 성격을 지닌다. 가령 컴퓨터과학·통계학·수학·정보이론에 대한 심도 깊은 배경지식이 요구된다. 전문가 집단의 경우, 응용 분야는 물론 소프트웨어공학에 대한 전문지식이 필요하다. 이용자 집단의 경우, 무엇보다 인공지능기술에 친숙해야만 기술을 안정적으로 적용할 수 있다.

이러한 인공지능 인력의 다양화는 사회의 모든 영역이 해결해야 할 과제이다.

⓪④ 시장 경쟁을 지원한다.

경쟁은 모든 기업에서 새로운 기술과 혁신을 창조하고 수용하는 측면에서 늘 중요한 역할을 한다. 인공지능 역시 예외가 아니다. 물론 기업의 경쟁 측면에서 인공지능의 역할을 평가하기에는 아직 시기상조일지 모른다. 그러나 시장 지배력이 우월한 기업이 대부분의 고객 자료에 대한 접근권도 갖게 마련이므로 인공지능으로 신규 기업보다 좀 더 경쟁력 있는 제품을 만들 수 있을 것으로 여겨진다. 요컨대 인공지능이 시장에서 경쟁자를 효과적으로 저지하는 수단으로 사용될 가능성이 있다.

· 전략 2: 미래의 일자리를 위해 미국인을 교육하고 훈련한다.

인공지능이 노동의 본질과 함께 노동시장이 요구하는 기술skill을 변화시킴에 따라 미국 노동자들이 지속적으로 생업을 이어가게끔 교육과 훈련이 필요하다. 보고서는 "미국 정부가 인공지능 기반 경제에 필요한 기술로 아이들을 교육하고 성인을 재교육하지 못한다면 수백만 명의 미국인이 낙오하는 결과가 초래되어 미국은 결국 세계 경제의 지도자로서 지위를 상실하게 될 것"이라고 지적한다.

오늘날 인공지능을 중심으로 일어나는 변화는 새로운 일자리에 적응하기 위한 새로운 교육을 요구한다. 가령 수학, 읽기, 컴퓨터과학, 비판적 사고를 대학이나 직업훈련기관에서 연마하는 노동자는 노동시장이 급변하더라도 새로운 일자리를 성공적으로 구할 수 있다. 또한 이러한 지식과 기술을 습득하는 기회를 가진 청소년일수록 미래에 성공할 확률이 높다.

❶ 청소년이 미래의 직업 시장에서 성공할 수 있도록 교육한다.

보고서는 "정책 입안자는 수백만 명의 미국인을 위해 기초수학 및 읽기 능력 부문의 낮은 숙련도 문제를 해결해야 한다"면서 세 가지 정책을 제안한다.

⑴ 모든 어린이는 양질의 조기교육을 제때 받을 수 있어야 한다.

보고서는 "인공지능 기반의 기술편향적skill-biased 변화의 세계에서 읽기와 수학에서 낮은 수준의 기술을 가진 사람들은 사회적으로 배제될 가능성이 더욱 커진다"면서, 미국 정부는 소득 배경과 상관없이 모든 아이들에게 유치원부터 조기에 어휘력, 읽고 쓰는 능력, 초등수학, 교실에서 친구들과 잘 어울리는 기술을 습득하는 기회를 제공할 것을 주문한다.

(2) 모든 학생이 전문대학이나 직업 준비 과정을 이수하도록 해야 한다.

미국의 경우 2013년 고등학교 졸업생 중에서 전문대와 직업 준비 과정 수준의 지식과 기술을 가진 비율은 40%를 밑돈다. 따라서 모든 학생이 컴퓨터과학 교육을 받도록 정부 주도의 교과과정을 마련해야 한다.

(3) 모든 미국인이 좋은 일자리를 갖기 위해 중고등과정 이후의 교육에 접근할 수 있어야 한다.

「보고서」는 "향후 몇 년간 가장 빠르게 성장하는 직업의 약 4분의 3은 중고등과정 이후의 교육을 요구할 것"이라면서, 미국 정부는 인공지능 기반 경제에 대한 대응책으로 젊은이들이 대학에 많이 진학하도록 지원할 것을 권고한다.

❷ 훈련과 재교육에 접근할 기회를 확대하도록 한다.

「보고서」는 미국 정부의 직업훈련 투자 규모가 미미한 수준임을 지적하면서 다른 나라를 앞서 나가기 위해 반드시 필요한 시책 두 가지를 제시한다.

(1) 직업기반 훈련과 평생교육의 기회를 획기적으로 늘려야 한다.

미국 정부는 전국 전문대학에서 건강관리·정보기술·에너지 분야의 직업기반 훈련 과정을 실시하고 있지만, 이를 평생교육 차원에서 확대할 필요가 있다.

(2) 견습프로그램apprenticeship에 접근할 기회를 확대한다.

보고서는 "직업 중심의 견습 과정은 경제를 성장시키고 변화하는 경제에 적응하는 데 필요한 기술과 지식을 모든 배경의 미국 노동자에게 제공할 수 있다"면서, 미국 정부가 전국적인 규모로 새로운 수습 기회를 확대하길 희망한다.

·전략 3: **경제성장의 광범위한 공유를 보장하기 위해 직업이동 중인 노동자를 지원하고 노동자의 역량을 강화하도록 한다.**

「보고서」는 "인공지능 기반 자동화가 경제를 변화시킴에 따라 역량이 강화된 노동자가 국가의 가장 중요한 자산이 될 수 있다"면서, 이들이 "혁신을 주도하고 확산시키며 소비자 수요를 끌어올리고 다

음 세대에 투자할 수 있으므로" 미국 정부가 노동자들이 실업을 성
공적으로 극복하고 가장 알맞은 취업 기회를 갖도록 지원할 것을
권고한다.

❶ 사회안전망을 현대화하고 강화한다.

자동화로 인해 사회에서 밀려난 사람들에게 충분한 생계비를 보
장하고 다른 직업으로 전환할 수 있도록 지원하는 사회안전망이 갈
수록 중요해진다. 보고서는 사회안전망의 정책으로 세 가지를 권유
한다.

(1) 실업보험을 강화한다.

일자리 상실은 인공지능 기반 자동화가 초래할 가장 심각한 부
정적 영향의 하나이다. 실직으로 가족을 빈곤으로 몰아넣는 불행을
방지할 수 있는 강력한 도구는 실업보험이다. 실업보험은 "인공지
능 기반 자동화로 일자리를 잃은 노동자들에게 보다 확실한 안전망
을 제공"하므로 더욱 강화되어야 한다.

보고서는 일자리 나눔work-sharing 프로그램도 "고용주들이 노동자
를 해고하지 않고 근로시간을 줄여서 근무시간이 줄어든 노동자들
이 부분적인 실업 수당을 받을 수 있게끔 도와줄 수 있다"고 지적한
다. 이어서 인공지능의 경제적 영향이 상대적으로 격렬하고 실업이
급격히 증가할 경우에는 "실업보험 시스템을 경제 규모에 맞게 대
규모로 상향 조정해야 하며, 실직한 노동자가 노동력 대열에서 낙

오하지 않도록 조치해야 한다"고 강조한다.

(2) 직업 전환을 안내하는 지침을 개선하여 노동자에게 제공한다.

인공지능 혁명으로 일자리의 전환을 모색하는 근로자에게 교육과 훈련에 관한 조언, 노동시장에 대한 정보를 제공한다.

(3) 다른 사회안전망 프로그램도 강화한다.

인공지능 기반 자동화로 일자리를 잃거나 소득이 크게 낮아진 노동자가 빈곤에서 벗어나도록 식량과 금전을 지원하는 각종 프로그램이 강구되어야 한다

❷ 임금, 경쟁, 노동자 협상력을 증대시킨다.

보고서는 기업이 노동자의 채용을 줄임에 따라 노사 교섭력의 무게 중심이 고용주로 옮겨가는 데 대한 우려가 커지고 있음을 지적하면서, 인공지능의 발달로 이러한 경향이 심화될 수 있으므로 미국 정부가 임금과 근로 환경의 개선을 위해 네 가지 방향에서 접근할 것을 제안한다.

(1) 최저임금을 인상한다.

최저임금은 불평등을 줄이고, 소비를 늘리며, 노동력을 강화하는 데 중요한 역할을 한다. 보고서는 "최저임금의 인상으로 적어도 460만 명의 미국인이 빈곤에서 벗어날 수 있다"고 한다.

⑵ 초과근무 및 연장근무를 현대화한다.

초과근무를 제공하는 것은 중산층의 임금을 높이고 더 많은 노동자에게 일자리를 확대하는 데 도움을 주는 가장 중요한 단일 조치의 하나이다.

⑶ 노조, 노동자의 목소리, 협상력을 강화한다.

보고서는 "중산층을 성장시키고 유지하려면 강력한 노동조합이 필요하다. 노동조합은 중산층 형성을 도와주며 경제성장의 혜택이 더 널리 공유되도록 하는 데 핵심적인 역할을 해왔다"면서, "정책입안자는 노동자가 자신의 목소리가 들리게끔 새롭고 혁신적인 방법을 조직하고 창안해낼 수 있도록 보호책을 강화함으로써, 노동자들이 직장에서 자신의 목소리에 힘이 실리게 하는 방법을 모색하도록 하지 않으면 안 된다"고 강조한다.

⑷ 임금을 보호한다.

인공지능이 초래할 독특한 변화를 감안해서 정책입안자는 "자동화로 중급 수준의 숙련도가 필요한 직업이 추가로 사라질 경우, 초급 숙련도와 중급 숙련도의 노동자에게 추가로 임금 보호가 필요한지 여부를 고려할 필요가 있다"고 보고서는 주장한다.

미국 백악관의 「인공지능, 자동화, 경제」 보고서는 끄트머리에서 "인공지능은 이미 미국 직장을 변화시키고, 일자리의 유형을 바꾸고, 노동자가 성공하기 위해 필요한 기술을 재구성하기 시작했다"

면서, "모든 미국인은 학생·노동자·관리자·기술 지도자 또는 단순히 정책 토론에 목소리를 내는 시민이건, 누구든지 이러한 도전을 해결하는 데 참여하는 기회를 가져야 한다"고 결론을 맺는다.

미국 백악관의 「인공지능의 미래를 위한 준비」는 58쪽, 「인공지능, 자동화, 경제」는 55쪽의 짧지 않은 보고서이지만, 한국에서 인공지능에 의해 초래되는 불가피한 사회 변화처럼 여기는 4차산업혁명이라는 단어가 두 번째 「보고서」(7쪽)에 다보스 포럼을 언급한 대목에서 딱 한 번 나올 따름이다.

세계 첨단기술의 요람인 미국에서 통용되지 않는 개념이 한국 사회에서는 시도 때도 없이 국회의원과 사회 명사의 입, 국영방송의 텔레비전 화면, 유력언론의 경제면에 오르락내리락하는 이유가 뭘까.

06
2035년
대한민국 도전기술

한국 최고의 공학기술 전문가 1,000여 명으로 구성된 한국공학한림 원은 2015년 10월 창립 20주년을 맞아 20년 후, 곧 2035년에 한국 경제를 이끌어갈 미래 도전기술 20개를 선정하여 발표했다. 2015년 여름에 한국공학한림원으로부터 20대 핵심기술에 대해 시나리오를 작성해달라는 부탁을 받고 20년 뒤의 미래기술과 미래사회를 누구나 이해하기 쉽도록 묘사하느라고 궁리하던 기억이 아직도 생생하다.

한국공학한림원은 20대 기술을 선정하기 위해 2030년대 한국사회의 메가트렌드를 △스마트한 사회, △건강한 사회, △성장하는 사회, △안전한 사회, △지속가능한 사회 등 다섯 가지로 설정하고, 이를 실현하기 위해 필요한 기반기술 20개를 도출했다.

2035년 대한민국이 도전해야 할 20대 기술을 널리 알리기 위해

2016년 3월 『2035 미래기술 미래사회』를 펴냈으며, 이 책은 2016년 세종도서 교양 부문에 선정되기도 했다.

스마트한 사회

스마트한 사회를 실현하는 기술로는 ⑴ 미래자동차기술, ⑵ 입는 기술, ⑶ 데이터 솔루션기술, ⑷ 정보통신 네트워크기술, ⑸ 스마트 도시기술 등 다섯 개가 뽑혔다.

미래의 도로는 무인자동차나 친환경자동차가 점령할지도 모른다. 2017년부터 구글이 판매하는 최초의 무운전자동차driverless car 또는 자율주행 자동차self-driving car는 운전대는 물론 가속페달과 브레이크 페달도 없으며 출발 버튼만 누르면 스스로 굴러간다. 무운전 자동차는 교통사고를 현저하게 줄여줄 것으로 전망되고 졸음운전, 과속운전, 음주운전 문제도 해결해주는 긍정적 효과가 기대되지만 사람이 운전하는 즐거움을 자동차에 양보할 수는 없지 않으냐는 견해도 만만치 않다.

2020년대에는 사람이 손으로 직접 운전하지 않고 생각만으로 조종하는 자동차도 등장하게 된다. 이는 뇌-기계 인터페이스BMI: brain-machine interface 기술을 적용하는 자율자동차이다. 친환경자동차는 전기자동차electric car와 연료전지자동차fuel-cell car로 모습을 드러낸다. 가솔린(휘발유) 엔진 없이 오직 전기 또는 수소연료만으로 움직이기 때문에 이산화탄소를 꿍무니에서 배출하지 않아 환경오염이나 지구온난화 문제를 야기하지 않는다.

온몸으로 정보를 주고받는 입는wearable 기술이 일상화된다. 입는 기술은 유비쿼터스 컴퓨팅ubiquitous computing과 웨어러블 장치가 융합된 것이다. 유비쿼터스 컴퓨팅은 한마디로 컴퓨터를 눈앞에서 사라지게 하는 기술이다. 물건에 다는 꼬리표(태그)처럼 자그마한 컴퓨터가 실로 천을 짜듯이 우리 주변의 곳곳에 내장되기 때문에 사람들은 컴퓨터를 더 이상 컴퓨터로 여기지 않게 되는 것이다. 요컨대 유비쿼터스 컴퓨팅 시대에는 컴퓨터가 도처에 존재하면서 동시에 보이지 않게 된다. 컴퓨터 태그가 달린 물건은 모두 지능을 갖게 된다. 이처럼 지능을 가진 물건과 사람 사이의 정보 교환이 무엇보다 중요하다. 대화를 하려면 물건에 내장된 컴퓨터는 사람의 말을 이해해야 하며, 사람은 컴퓨터가 내장된 옷을 입어야 한다. 웨어러블 컴퓨터가 필요한 것이다.

빅데이터big data의 활용이 기업과 정부의 경쟁력에 결정적인 영향을 미치는 세상이 된다. 통상적으로 사용되는 데이터베이스 관리 도구로는 수집·저장·관리·분석할 수 없는 대량의 정형 또는 비정형 데이터 집합을 빅데이터라고 한다. 빅데이터를 수집·저장·관리·분석하는 데 관련된 기술을 데이터 솔루션이라고 한다.

2030년대에는 만물인터넷이 완벽하게 구축되어 이 세상의 거의 모든 것이 네트워크로 연결되는 초연결hyper-connected 사회로 거듭난다. 초연결사회는 거의 모든 사물이 자기를 스스로 인식하고 상호작용하는 세상, 사람의 모든 움직임이 낱낱이 추적되고 기록되는 세상, 그래서 우리를 둘러싼 거의 모든 것이 살아 있는 세상이다.

한편 2030년대에는 사람의 뇌를 서로 연결하여 말을 하지 않고도 생각만으로 소통하는 기술, 곧 뇌-뇌 인터페이스[BBI: brain-brain interface]가 실현을 앞두고 있을 것으로 전망된다.

오늘날 세계 인구의 절반 이상이 도시에 살고 있다. 도시화에 따른 문제를 해결하여 시민의 경제적 생산성과 삶의 질을 극대화함과 아울러 자원 소비와 환경오염을 극소화하는 접근방법으로 스마트도시기술이 대두되었다. 미국 국가정보위원회[NIC]에 따르면 2030년까지 전 세계적으로 35조 달러가 스마트도시 건설에 투입될 전망이다.

정보통신기술과 건설 분야에서 세계적 경쟁력을 갖춘 우리나라 기술자들이 2030년대에 세계 스마트도시기술 시장을 선점하게 될는지 궁금하다.

건강한 사회

한국공학한림원은 '건강한 사회'를 실현하는 기술로 ⑴ 분자진단기술, ⑵ 사이버 헬스케어기술, ⑶ 맞춤형 제약기술, ⑷ 맞춤형 치료기술 등 네 가지를 도출했다.

생명공학의 발전은 의학 분야에도 혁명적인 변화를 몰고 왔다. DNA 분자의 비밀이 밝혀짐에 따라 분자 수준에서 질병을 진단하고 치료하는 분자의학molecular medicine이 출현했다. 특히 유전과 병원균에 의한 질병을 모두 정확히 진단하는 분자진단이 의료기술의 혁명을 일으키고 있다. 분자진단의 핵심기술인 유전자 서열 분석DNA sequencing의 비용이 저렴해짐에 따라 환자의 유전자를 검사하여 질병 진단에 소요되는 시간을 단축할 수 있게 된 것이다. 또한 나노기술과 의학이 융합한 나노의학nanomedicine도 분자 수준에서 질병을 진단한다. 분자의학과 나노의학의 발달로 신속한 진단과 치료가 가능해짐에 따라 진단과 치료를 일괄 처리하는 진단치료학theranostics이 2030년대 질병 관리기술의 핵심요소가 된다.

2030년대에는 환자가 병원으로 가지 않고도 집안의 벽 스크린wall screen을 통해 의사와 상담하게 된다. 이른바 가상의사는 환자의 유전자 정보를 완전히 파악하고 있으므로 질병의 진단과 처방을 할 수 있다. 이처럼 환자가 의사를 직접 만나지 않고도 진료를 받게 되는 것은 가상현실VR: virtual reality 기술이 발달한 덕분이다.

우리가 가상의 현실임을 알면서도 진짜인 것처럼 느끼는 것은 인간의 오감 중에서 무엇보다 촉각이 그대로 재현될 수 있기 때문이다. 사이버공간에서 촉각 능력을 재현하는 기술을 연구하는 분야는 햅틱haptics, 촉각을 전달하는 장치는 햅틱 인터페이스라고 한다.

인간의 오감을 제대로 실현하는 실감 인터페이스가 개발되면 우리는 사이버공간에서 원하는 것은 무엇이든지 간접 체험할 수 있을 뿐만 아니라, 원격교육·원격진료·원격섹스가 가능해져서 가상세계와 실제세계의 구별이 어려워지는 세상이 된다.

2035년에 가상현실이 진짜처럼 완벽하게 구현됨에 따라 벽 스크린을 통해 누구나 필요할 때마다 가상의사의 도움으로 자신의 건강 상태를 점검할 수 있다. 사이버공간에서 헬스케어(건강관리)가 일상화되면 우리는 건강 상태를 하루에도 몇 번씩 점검하며 무병장수하게 될지도 모른다.

세계시장에서 우리나라가 가장 취약한 분야의 하나가 제약산업이다. 그러나 2030년대에는 국내 기업이 개발한 신약이 대박을 터뜨릴 가능성이 매우 높을 것으로 예측되고 있다.

박근혜 정부에서 만든 「국가중점과학기술 전략로드맵」에 따르면 우리나라 제약회사들이 개인 맞춤형 신약으로 세계시장에서 승산이 없지 않은 것으로 나타났다. 세계시장에서 괄목할 만한 존재감을 드러내길 바라는 우리나라 제약업계가 2030년대에는 세계시장 점유율 1위의 니치버스터niche-buster 약품을 서너 개 내놓을 것으로 믿어 의심치 않는다.

항암제 중심의 표적치료제targeted therapy 나 '버림받은 아이들의 약품orphan drug'이라 불리는 희귀질환 약물처럼 틈새(적소適所, niche)를 노리는 약품을 니치버스터 약품이라 부른다. 폭넓은 환자집단과 다양한 질환을 겨냥하여 연매출 10억 달러 이상을 목표로 개발되는 것은 블록버스터blockbuster 약품이라고 한다.

맞춤형 치료기술도 우리나라가 '건강한 사회'가 되기 위해 필수적으로 갖춰야 할 요소이다. 유전자 치료$^{gene therapy}$와 줄기세포 치료로 불치병을 고칠 수 있기 때문이다. 당뇨병, 심장병, 파킨슨병, 알츠하이머 따위의 난치병은 줄기세포를 이용하여 치료할 수 있다.

줄기세포는 크게 배아줄기세포$^{ESC: embryonic stem cell}$와 성체줄기세포$^{adult stem cell}$로 나뉜다. 인체의 모든 세포는 배아줄기세포로부터 유래된 것이므로 배아줄기세포가 다양한 세포로 분화하는 능력을 임의로 조절할 수 있다면 얼마든지 원하는 세포나 조직을 만들어낼 수 있기 때문에 난치병 치료와 환자 맞춤형 장기 생산에 획기적인 전기가 될 것이다.

한편 2012년 노벨상을 받은 일본의 야마나카 신야 교수가 개발한 역분화^{逆分化} 줄기세포 또는 유도만능 줄기세포$^{induced pluripotent stem cell}$도 불치병 치료에 돌파구가 될 전망이다. 역분화 줄기세포는 분화가 이미 끝난 체세포에 특정 유전자 몇 개를 도입하여 분화 이전의 줄기세포 단계로 유도된 줄기세포이다. 환자 체세포를 떼어내 이를 줄기세포로 되돌린 뒤에 이 줄기세포를 원하는 방향으로 다시 분화를 유도하면 환자 맞춤형 세포·조직·장기를 얻을 수 있으므로 불치병 치료에 청신호가 켜질 전망이다.

성장하는 사회

　한국공학한림원은 2035년 한국사회 메가트렌드의 하나로 '성장하는 사회'를 설정하고 이를 실현하는 기술로 ⑴ 무인항공기기술, ⑵ 포스트실리콘기술, ⑶ 디스플레이기술, ⑷ 서비스로봇기술, ⑸ 유기소재기술 등 다섯 개를 선정했다.

　2035년 우리나라의 무인항공기UAV: unmanned aerial vehicle 기술 수준이 미국과 이스라엘에 버금가게 발전될 것으로 전망된다. 2015년 우리나라는 세계 7위 정도의 기술을 확보하고 있으나 무인항공기의 핵심인 정보통신기술이 세계 최고 수준이기 때문에 그런 전망이 가능한 것이다.

　무인항공기는 드론drone으로 더 많이 불린다. 드론은 군사용으로 처음 개발되었으나 민수용으로 활용 범위가 확대되고 있다. 2013년 12월 미국의 인터넷 서점인 아마존은 물류센터 반지름 16킬로미터 이내의 고객에게 트럭이 아닌 드론으로 최대 2.3킬로그램의 물건을 30분 안에 배송하는 프로젝트를 추진할 계획이라고 발표했다. 이처럼 상업용 드론은 주문과 거의 동시에 물건을 받아보는 실시간 택배시대를 개막하고, 물류 측면에서 궁극적으로는 모든 개인 주택이 드론의 공항 역할도 하게 된다.

　2035년에도 무어의 법칙Moore's Law은 유효할 것인가. 인류사회의 지속적인 경제 발전과 관련해서 아마도 이만큼 치명적인 질문도 흔치 않을 것 같다. 미국 인텔의 창업자인 고든 무어는 '새로이 개발되는 마이크로칩에 집어넣을 수 있는 트랜지스터의 수가 18~24개월마다 두 배씩 늘어난다'는 이른바 무어의 법칙을 발표했다. 지난 40년 동안 무어의 법칙에 따라 마이크로칩의 성능이 꾸준히 향상됨에 따라 컴퓨터 혁명이 실현되어 인류는 정보사회의 번영을 누리고 있다. 하지만 실리콘기술의 본질적인 한계로 무어의 법칙이 머지않아 종말을 맞게 될 것이라는 우려의 목소리도 만만치 않다. 결국 실리콘 시대가 막을 내리게 되면 실리콘 이후, 곧 포스트실리콘 시대 post-silicon era를 맞게 되는 것이다.

실리콘을 대신할 재료로는 나노물질 두 가지가 거론된다. 하나는 탄소나노튜브CNT: carbon nanotube이다. 1991년 발견된 탄소나노튜브는 탄소 여섯 개로 이루어진 육각형들이 균일하게 서로 연결되어 관 모양을 이루고 있는 원통형 구조의 분자이다. 다른 하나는 그래핀 graphene이다. 2004년 발견된 그래핀은 탄소 원자가 고리처럼 서로 연결되어 벌집 모양의 평면 구조를 가지고 있으며, 원자 한 개만큼의 두께에 불과하다.

2030년대에 우리나라 과학기술자가 가령 홍길동의 법칙을 만들어 포스트실리콘 시대의 주역이 된다면 얼마나 좋겠는가.

텔레비전이나 컴퓨터 화면의 디스플레이기술이 진화를 거듭해서 화면 속의 사물을 현실세계에서처럼 선명하게 그리고 입체적으로 보게 될 날도 머지않았다. 21세기 초반부터 유기발광다이오드, 곧 올레드OLED: organic light-emitting diode 디스플레이가 개발되어 파괴적 혁신이 일어나기 시작했기 때문이다. 올레드는 자체발광 능력이 있어서 디스플레이를 종잇장처럼 얇은 두께로 만들 수 있으므로 돌돌 말아서 호주머니에 넣고 다니는 스마트폰이나 작게 접어서 지갑에 넣는 컴퓨터도 만들 수 있다.

2014년 한국과학기술연구원KIST이 펴낸 보고서는 "플렉서블flexible 디스플레이는 그 휘는 정도에 따라서 깨지지 않는unbreakable, 휘어지는bendable, 둥글게 말 수 있는rollable, 접을 수 있는foldable 등의 4단계로 나눌 수 있는데, 현재는 2단계인 휘어질 수 있는 정도의 수준에 머물고 있다"고 진단한다.

플렉서블 디스플레이기술의 발전으로 종이처럼 얇은 벽 스크린을 실제 벽지와 비슷한 가격에 생산하게 된다. 결국 주택의 모든 벽은 종이벽지 대신에 벽 스크린으로 도배된다. 이런 맥락에서 올레드 기술은 유비쿼터스 컴퓨팅 시대를 실현하는 데 결정적인 역할을 한다.

올레드와 경쟁할 디스플레이기술로는 빛을 내는 광원으로 양자점quantum dot 반도체를 사용하는 퀀텀닷 텔레비전이 손꼽힌다. 원자들로 이루어진 나노 크기의 반도체인 양자점은 전류를 흘리면 특정 파장의 빛을 낸다. 퀀텀닷 TV는 올레드 TV보다 색을 재현하는 특성이 좋고 두께도 더 얇게 만들 수 있다.

2035년경에는 3차원3D의 텔레비전과 영화도 일상생활 속으로 깊숙이 파고들 전망이다. 3D영상기술의 최고봉은 단연 홀로그램hologram이다. 홀로그램은 사물이 바로 눈앞에 있는 것처럼 생생한 입체영상을 만들어낸다. 홀로그램이 정보통신 네트워크에 적용되면 전화를 받는 상대방이 당신 건너편에 앉아 있는 것처럼 실물 크기의 3차원 영상으로 나타나는 홀로폰holophone도 등장할 것으로 전망된다.

지능이 뛰어나고 감정을 느낄 줄도 아는 서비스 로봇 시대가 성큼 다가오고 있다. 2020년쯤에는 서비스 로봇이 각 가정에 필수적인 존재가 되어 1가구 1로봇 시대가 개막될 것으로 전망된다. 선진국의 경우 2020년에 서비스 로봇의 수가 사람의 수를 초과할 것이라고 예측하는 미래학자들도 더러 있다.

우리 주변의 전자제품은 대부분 실리콘 반도체나 금속 재료 같은 무기물질로 만들어진다. 그러나 생체 안에서 생명력에 의하여 생성되는 물질인 유기물질은 전자재료로 사용되지 않았다. 유기물질은 무기물질처럼 전류가 흐를 수 없다고 여겨졌기 때문이다.

1950년대부터 탄소를 주성분으로 하는 화합물, 곧 유기화합물도 탄소를 포함하지 않은 무기화합물처럼 전도성conductivity을 갖고 있을 가능성에 주목했다. 전도성 같은 전기적 특성을 지닌 유기물질을 연구하는 재료과학, 곧 유기전자공학organic electronics이 출현하게 된 것이다.

유기전자공학의 2대 중점 분야는 디스플레이기술과 태양전지기술이다. 유기디스플레이기술은 유기발광다이오드, 곧 올레드를 사용한다. 올레드는 전류를 흘려주면 스스로 빛을 내는 유기화합물 반도체이다. 유기전자공학에서 빼놓을 수 없는 또 다른 연구 분야는 탄소 기반의 나노물질인 탄소나노튜브와 그래핀이다.

유기전자공학이 약속하는 미래에 도전해서 노다지를 캐는 과학기술자들이 우리나라에서도 많이 배출되길 기대한다.

안전한 사회

한국공학한림원은 '안전한 사회'를 실현하는 기술로는 인체인증기술과 식량안보기술 등 두 가지를 선정했다.

2035년 사회의 안전을 담보하는 기술의 하나로 생체측정학biometrics이 각광을 받는다. 생체측정학은 사람의 특성을 근거로 신원을 확인하는 데 사용된다. 이른바 인체인증biometrics authentication기술은 얼굴을 포함하여 지문·손의 윤곽·손바닥의 정맥·눈의 홍채와 망막·뇌파·몸의 냄새와 같은 생리적 특성, 필적·음성·걸음걸이와 같은 행동적 특성을 사용하여 신원을 확인한다.

인체인증기술이 발전하면 신원 확인에서 한 걸음 더 나아가 감시기술로 사용될 소지가 많다. 가령 얼굴인식 시스템이 거리나 공항 등 공공장소에 설치되면 범죄를 억제하는 효과가 있겠지만 일반 시민들의 사생활(프라이버시)을 침해할 수 있기 때문이다. 결국 길을 걸으면서 감시의 눈초리를 의식해야 하는 시대가 오고야 만 것이다. 정보사회의 도시가 프라이버시 없는 마을로 바뀌는 셈이다.

인류사회의 지속가능발전sustainable development을 위해 가장 먼저 해결해야 하는 문제의 하나는 절대빈곤absolute poverty이다. 절대빈곤은 세계 인구 72억 명에게는 생사가 걸린 문제이다. 해마다 어린이 650만 명이 다섯 살도 되기 전에 굶어 죽는 실정이다.

21세기의 식량위기는 해결책을 찾기가 쉽지 않은 것으로 분석된다. 식량위기를 사전에 방지하기 위하여 식량 확보에 만전을 기하는 정책이나 기술을 통틀어 식량안보food security라고 한다. 식량안보의 핵심기술로는 정밀농업precision agriculture과 유전자변형 농산물GMO: genetically modified organism이 손꼽힌다. 유전자변형 농산물과 함께 식량문제의 대책으로 거론되는 신생기술은 수직농장vertical farm과 시험관 고기in vitro meat이다.

수직농장 또는 식물공장plant factory은 도시의 고층건물 안에 만들어지는 농장이다. 세계 최초의 상업용 수직농장은 2012년에 싱가포르에서 첫선을 보였다.

시험관 고기 또는 배양육cultured meat은 가축에서 떼어낸 세포를 시험관에서 배양하여 실제 근육고기처럼 만들어낸 살코기이다. 2013년 8월에 영국 런던에서 배양육 기술로 만든 살코기의 시식회가 처음으로 열렸다.

식량안보기술이 완벽하게 실현되면 2030년대에 8,000만 명의 통일한국 국민이 먹거리 걱정을 안 해도 될 터이다.

지속가능한 사회

　한국공학한림원은 '지속가능한 사회'를 실현하기 위해 ⑴ 신재생에너지기술, ⑵ 스마트그리드기술, ⑶ 원자로기술, ⑷ 온실가스 저감기술 등 네 가지에 도전할 것을 주문했다.

　화석연료의 과도한 사용에 따른 에너지 자원 고갈과 지구온난화 문제를 동시에 해결하는 한 가지 방법은 온실가스를 적게 방출하는 새로운 자원을 서둘러 개발하는 방법밖에 없다. 이러한 대체에너지 alternative energy 로 거론되는 것은 신에너지 new energy 와 재생에너지 renewable energy 이다.

　신에너지는 화석연료를 변환시켜 오염원을 제거한 새로운 에너지를 의미한다. 수소에너지와 연료전지도 신에너지로 분류된다. 재생에너지에는 햇빛·바람·조류·지열을 이용하는 자연에너지와 바이오매스 biomass 와 같은 생물에너지가 있다. 자연에너지나 생물에너지는 화석연료와 달리 소비되어도 무한에 가깝도록 다시 공급되기 때문에 재생에너지라고 불린다. 신에너지와 재생에너지를 통틀어 신재생에너지 new renewable energy 라고 한다.

　스마트그리드, 곧 지능형 전력망은 전기회사가 각 가정으로 일방적으로 전기를 공급하고 있는 기존 전력망에 정보통신기술을 융합하여 전기회사와 소비자가 양방향으로 실시간 정보를 주고받으면서 전기의 생산과 소비를 최적화하도록 하는 전력관리시스템이다. 스마트그리드는 에너지 분야는 물론 정보통신·건설·가전·전기자동차·이차전지 등 산업 전반에 걸쳐 파급효과가 막대할 전망이다. 우리나라는 2030년까지 국가 차원의 스마트그리드 구축을 선언했다.

미국의 사회사상가인 제러미 리프킨은 2011년에 펴낸 『3차산업혁명*The Third Industrial Revolution*』에서 스마트그리드기술과 재생에너지기술의 융합으로 "수억 명의 사람이 가정·사무실·공장에서 자신만의 에너지를 직접 생산할 것이며, 오늘날 우리가 인터넷으로 정보를 창출하고 교환하듯이 '에너지 인터넷'으로 에너지를 주고받을 것"이라고 주장했다.

2035년 우리나라는 소형 모듈원자로SMR: small modular reactor 기술로 세계시장에서 독보적인 경쟁력을 과시할 것으로 전망된다. 국제원자력기구는 전기출력 300메가와트 이하의 원전을 소형으로 분류한다. 모듈원자로는 공장에서 모듈 형태로 제작하여 건설현장에서 조립하는 원자로이다.

대형 원전 건설을 위해서는 막대한 투자비용이 요구되지만 소형 모듈원자로는 전력 수요 증가에 따라 모듈을 추가로 건설할 수 있으므로 투자재원 조달과 금융비용 절감 측면에서 상당히 유리하다. 소형 모듈원자로는 2020년 이후 시장이 본격적으로 형성될 것으로 예상된다.

지구온난화에 따른 기후변화로 생태계 교란, 전염병 창궐, 집중호우와 허리케인 빈발, 해수면 상승 등 인류의 생존에 적신호가 켜진 상태이다.

지구온난화의 속도를 늦추기 위한 방안으로는 이미 배출된 온실가스를 격리 또는 저감하는 이산화탄소 포집격리CCS: carbon capture and sequestration 기술과 지구공학geoengineering, 그리고 온실가스 배출을 극소화하는 청색기술blue technology이 손꼽힌다. 이산화탄소 포집격리기술은 먼저 화력발전소에서 석탄을 태울 때처럼 화석연료를 사용하는 설비에서 배출되는 이산화탄소를 포집한 다음에 냉각하여 액화시킨다. 액체가 된 온실가스는 트럭을 동원하여 멀리 떨어진 땅속 깊숙이 파묻어 완전히 격리시킨다.

지구공학은 인류의 필요에 맞도록 지구의 환경을 대규모로 변화시키는 공학기술이다.

이산화탄소 포집격리 같은 녹색기술은 온실가스로 환경오염이 발생한 뒤에 사후 처리적인 대응을 하는 측면이 강하다. 따라서 환경오염 물질의 발생을 사전에 원천적으로 억제하려는 기술인 청색기술이 녹색기술의 한계를 보완할 것으로 전망된다.

2012년 펴낸 『자연은 위대한 스승이다』에서 처음 사용된 용어인 청색기술은 생물로부터 영감을 얻어 문제를 해결하려는 생물영감bioinspiration과 생물을 본뜨는 생물모방biomimicry을 아우르는 개념이다.

자연을 스승으로 삼고 인류사회의 지속가능발전의 해법을 모색하는 청색기술은 2030년대 생태시대Ecological Age를 지배하는 혁신적인 패러다임이 될 것임에 틀림없다.

07

2035년
핵심기술 추세

미국의 정보기관을 총괄하는 국가정보위원회^{NIC}는 4년마다 향후 20년 동안 예견되는 세계적 동향을 분석한 보고서를 펴낸다. 2017년 1월 9일 여섯 번째 보고서인 「세계적 추세: 진보의 역설^{Global Trends: Paradox of Progress}」이 발간되었다.

20년 뒤인 2035년까지 예상되는 세계적 쟁점을 다룬 이 보고서는 첫머리에서 "우리의 미래 이야기는 패러독스(역설)로 시작되어 패러독스로 끝난다. 왜냐하면 산업시대와 정보시대에 성취한 것들이 예전보다 더 위험함과 동시에 기회도 많은 미래의 세계를 형성하고 있기 때문이다. 밝은 미래가 될지 위기가 될지 여부는 인류의 선택에 달려 있는 것이다"라고 강조한다. 그러니까 "똑같은 세계적 추세가 최근 수십 년 동안의 진보에도 불구하고 당장은 어둡고 힘든 미래를 암시하지만, 동시에 선택하기에 따라서는 희망차고 안전한 미래를 만들 기회를 제공하기도 한다"는 것이다.

7대
세계적 추세

이 보고서는 2035년까지 20년 동안 전개될 것으로 예상되는 세계적 핵심 추세를 일곱 가지로 선정하여 분석한다.

⓿➊ 부자 나라는 늙어가고 있지만 가난한 나라는 여전히 젊다.

세계 인구는 갈수록 늘어가고, 늙어가고, 도시로 몰리게 될 것이다. 세계 인구는 현재 73억 명에서 2035년에 88억 명으로 급증할 것으로 예상된다.

특히 60세 이상이 가장 빠르게 늘어나는 인구집단이기 때문에 노동과 복지 측면에서 극적인 변화가 불가피하다. 총인구에서 65세 이상의 인구가 차지하는 비율이 7% 이상일 경우 고령화 사회^{aging} ^{society}라고 한다. 고령화 사회로 진입한 선진국에서는 노동연령 인구 부족을 해결하기 위하여 나이가 너무 많은 사람, 나이가 너무 어린 사람, 여성 등이 노동시장에 참여하게 된다. 그러나 개발도상국, 특히 아프리카와 남부 아시아처럼 가난한 나라에서는 노동연령 인구가 증가하여 고용과 복지 등 사회 문제가 발생하고 있다.

2035년까지 중위연령median age이 높아진다. 전체 인구를 연령 순서대로 세웠을 때 중간에 있는 사람의 나이를 중위연령이라고 한다. 2035년 중위연령은 일본 52.4세, 독일 49.6세, 한국 49.4세, 중국 45.7세, 러시아 43.6세, 미국 41세로 전망된다. 이는 고령화 속도가 미국을 제외하고 부자 나라들 대부분에서 빠른 것을 의미한다.

도시로 인구가 집중하는 현상도 예견된다. 오늘날 인류의 50% 정도가 도시에 살고 있지만 2050년까지 3분의 2가 도시에서 살게 될 것 같다.

중동과 아시아 일부 국가에서는 여성이 노동시장에 진출하는 비율이 증가한다.

고령화, 도시화, 여성 노동인력 증가와 같은 인구통계학적 추세는 선진국과 개발도상국 모두에게 교통·교육·복지 정책의 일대 혁신을 요구하게 된다.

② 세계 경제가 바뀌고 있다.

세계 경제는 가까운 장래는 물론 먼 미래에도 현저히 바뀔 것이다.

선진국은 최근 경제성장 둔화를 멈추어보려고 시도하고, 비록 노동연령 인구가 감소하고 역사적으로 위력적이던 생산성이 저하될지라도 생활양식을 유지하려고 할 것이다. 한편 개발도상국은 빈곤을 해소하는 시책을 강화하면서 급속도로 늘어나는 노동연령 인력에 일자리를 만들어주기 위해 노력할 것이다. 요컨대 선진국이건 개발도상국이건 자동화로 사라지는 공장의 일자리를 벌충하고 새 일자리에 투입될 노동자를 교육시켜야 하는 숙제를 떠안게 된다.

세계 경제는 향후 5년 동안 2008년 세계 금융위기 이후 보이고 있는 완만한 경기 회복 추세에 불을 붙이기 위해 각종 수단을 강구할 것이다.

⑬ 기술혁신이 진보를 촉진시키지만 단절의 원인이 되기도 한다.

기술의 급속한 발전으로 변화의 속도가 빨라지고 새로운 기회가 창출되지만 노동의 자동화가 진행되면서 일자리를 기계에 빼앗긴 사람이 늘어나 사회 계층이 승자와 패자로 나뉜다.

특히 △정보통신기술[ICT], △생명공학기술, △첨단소재, △에너지기술의 발전으로 노동시장이 파괴되고 보건·에너지·교통 체계가 바뀌며 경제의 양상이 달라진다. 합성생물학·크리스퍼[CRISPR]와 같은 유전자 편집기술·인공지능·로봇공학은, 인간의 정체성에 관련된 윤리적인 질문을 제기하면서 인류사회에 실재적 위협이 된다.

· 정보통신기술

- 천정부지로 치솟는 인공지능분야 투자, 산업용·서비스 로봇의 판매 급상승, 클라우드기술의 대규모 활용으로 노동시장에 엄청난 지각 변동이 발생한다.
- 만물인터넷은 갈수록 많은 물건을 네트워크로 연결하여 정보사회의 효율성을 제고하는 반면에, 만물인터넷 환경의 안전을 확보하는 기술도 갈수록 중요해진다.

– 전자화폐와 함께 블록체인^{blockchain} 기술이 온라인 금융거래를 혁신한다.

· 생명공학기술
– 개인의 유전자 서열 분석에 요구되는 시간과 비용이 줄어들면서 맞춤형 치료가 가능해지므로 수명이 연장된다.
– 유전자 편집기술을 활용하여 신약을 개발하고 유전자 변형 식품을 생산하게 되므로 생명공학기술의 새 시대가 열린다.

· 첨단소재
나노기술의 발달로 나노물질이 첨단소재의 유망주로 부상한다. 특히 탄소 기반의 나노물질인 탄소나노튜브와 그래핀이 전자산업의 판도를 바꾸어놓을 전망이다.

· 에너지기술
햇빛을 이용하는 재생에너지의 생산 비용이 인하되어 전기 가격과 경쟁력을 갖게 된다.
「세계적 추세: 진보의 역설」 보고서는 이러한 신흥기술^{emerging technology}에 대해 "기술 자체는 물론이고 그 기술이 인류에게 미칠 영향을 조심스럽게 분석할 필요가 있다"고 강조한다.

· 인공지능은 안전 규제 기준이 없으면 본질적으로 인류에게 해

로울 수 있으며, 시민의 사생활을 위협하고 국가의 이익을 손상시킬 수 있다. 더욱이 로봇공학에 적용되는 인공지능에 대한 안전 기준을 제정하는 데 실패하면 경제적으로 비능률이 초래되고 기회를 상실하게 된다.

·생물약학 분야의 발전은 지적 재산권 문제와 관련된다. 특허권 보호가 원만하지 못하면 신약 개발에 걸림돌이 되고 다국적 제약회사의 이익을 깎아내리므로, 결국 생물약학 산업이 제대로 발전할 수 없다. 따라서 정부는 새로운 생명공학기술을 지원할 경우 경제적·사회적 이득 여부를 판단하지 않으면 안된다. 기술 개발의 윤리적 한계를 설정하고 지적 재산권을 보호하는 능력을 가진 나라가 기술적 주도권을 행사하게 될 것이다.

❹ 이념과 정체성이 배타적 물결을 일으키고 있다.
세계가 서로 연결될수록 이념과 정체성의 간극을 줄이기는커녕 더 키우게 될 것이다.

정보를 획득하고 통신수단을 사용하는 기회가 늘어나면서, 가령 정치적 쟁점·종교·경제적 이해·가치관·생활양식과 같은 사안에 대해 의견을 교환하고 행동에 나서기 쉬워짐에 따라 배타적으로 정체성을 공유하는 풍조가 사회에 만연하게 된다. 정체성 문제가 대두되면 가까운 장래에 미국과 유럽 사회의 관용과 다양성에 대한 전통이 훼손될 수밖에 없다. 정체성 문제는 민족주의와 직결되므로 중국과 러시아의 권위주의적 통치체제를 강화하는 빌미가 되고 아프리카와 중동에서 사회적 긴장을 부추기게 된다. 배타적인 민족적 정체성은 향후 20년간 포퓰리즘(대중영합주의)이 서구 사회와 아시아 일부 국가에서 기승을 부리도록 할 것 같다. 유럽 전역에서 좌파와 우파 가릴 것 없이 주류정치·핵심 권력집단·기득권 세력에 대해 노골적으로 적대감을 드러낼 포퓰리즘은, 세계화의 경제적 효과를 거부하고 국민의 관심사에 대한 권력 계층의 응답에 분노를 표출할 것으로 예상된다.

대중주의 정치 지도자들은 좌우 진영 모두 권력 기반을 공고히 하기 위해 대중의 인기에 영합하는 시책을 펼침으로써 시민사회·법원직·관용 기준을 천천히, 그리고 지속적으로 파괴하게 된다.

⑤ 국가 통치가 갈수록 어려워진다.

일반대중은 정부가 안전하고 번영하는 사회를 만들어줄 것을 기대한다. 그러나 정부는 예산 부족, 정치적 양극화, 사회적 불신 같은 문제 때문에 제대로 기능을 발휘할 수 없게 된다. 이러한 정부의 능력과 국민의 기대 사이에 생기는 간격이 좁혀지지 않을 경우 대중의 불신과 불안이 팽배해서 저항세력이 출현하고 불안정한 사회가 되어 국가의 효율적 통치가 갈수록 어려워진다.

⑥ 갈등의 본질이 바뀌고 있다.

2035년까지 20년간 세계 열강 사이의 이해 충돌, 허약한 국가의 지속적인 불안정성, 현상파괴적 기술의 확산, 테러 위협 등으로 국제적 갈등이나 사회 내부의 갈등이 갈수록 증대할 것 같다. 게다가 전쟁의 전통적 개념에 도전하는 새로운 전략과 새로운 기술 때문에 갈등의 성격이 바뀐다.

미래의 갈등은 재래식 군사병기로 전쟁터에서 적군을 물리치는 것보다는 핵심적인 사회 하부구조, 사회적 유대, 정부의 기본 기능을 파괴하는 쪽에 더 무게를 둘 것 같다.

한편 지역적으로 떨어진 위치에서 상대를 물리치는 각종 무기가 등장할 전망이다. 예컨대 사이버공격, 정밀유도병기, 로봇병기, 무인병기는 인명 살상의 위험을 현저히 감소시켜주기 때문에 갈등을 일으킬 가능성을 높여주는 측면이 없지 않다. 결국 전쟁의 양상이 상대와 마주보며 공격하는 대신에 먼 곳에서 군사작전을 펼치는 쪽으로 바뀌게 된다. 특히 핵무기와 같은 대량파괴무기^{WMD: weapons of mass destruction}에 의한 위협도 갈수록 커질 전망이다.

⑦ 기후변화가 불안하게 다가온다.

기후변화와 같은 전 지구적 위험이 인류의 생존을 위협하고 있다. 지구온난화 기체의 방출량은 이미 2035년까지 향후 20년간 지구의 평균온도를 끌어올리고 남는 수준이다. 결국 지구온난화에 따른 기후변화로 생태계 교란, 전염병 창궐, 집중호우와 허리케인 빈발, 해수면 상승 등 인류의 생존에 적신호가 켜진 상태이다. 게다가 해양 산성화, 오존층 파괴, 민물 부족, 생물다양성 파괴 등 지구가 참으로 깊은 병에 걸려 죽어가고 있는 환자임이 확인되었다.

이러한 지구의 건강 악화를 개선하려면 인류사회의 집단적 노력이 필요함에도 불구하고 협조체제를 구축하기는 쉽지 않을 것으로 예상된다.

7대
핵심기술 추세

2035년까지 20년 동안 전개될 것으로 전망되는 7대 세계적 추세 중에서 세 번째로 거론된 기술혁신 추세가 보고서의 부록에서 '핵심 세계적 추세'의 하나로 다시 한 번 자세히 다루어진다.

❶ 정보통신기술

정보통신기술은 기존 산업은 물론 새로 출현하는 거의 모든 산업에 영향을 미칠 것이다. 정보통신기술은 경제성장을 뒷받침하는 핵심요소인 노동 생산성과 기업 의사결정에 긍정적으로 기여할 것임에 틀림없다.

가령 금융업의 경우 빅데이터, 전자 화폐, 블록체인이 도입되어 금융서비스를 혁명적으로 바꾸어놓을 전망이다. 교통산업과 에너지 분야도 예외가 아니다. 특히 만물인터넷이 구축되면 모든 산업 분야에 변화가 불가피하다. 가상현실과 증강현실 역시 미디어와 여

가산업은 물론 사람의 활동공간에도 영향을 미친다.

정보통신기술이 발달할수록 데이터의 신뢰도를 확보해야 하므로 데이터 소유권, 데이터 비밀 보호, 데이터 안전성 등이 갈수록 중요해지며, 최악의 경우 국제적인 갈등의 요인이 될 수도 있다.

❷ 인공지능

인공지능은 기술 변화 속도가 역사상 유례를 찾아보기 어려울 정도로 빨라서 경제·사회·개인 모두 인공지능으로 인한 일자리의 교체 또는 소멸에 대처할 겨를이 없다.

이러한 일자리 교체를 가까운 장래에 가장 극적으로 보여줄 사례는 트럭과 택시 운전사를 무용지물로 만들게 될 무운전 자동차, 곧 자율차량이다.

인공지능은 일자리를 빼앗긴 노동자들에게는 아무래도 접근하기 어려운 전문적 기술과 경영능력을 필요로 하기 때문에 이런 능력을 가진 계층과 그렇지 못한 계층 사이에 경제적 양극화가 심화된다.

❸ 생명공학기술

유전자 편집기술인 크리스퍼^{CRISPR}의 출현으로 획기적 발전을 하게 된 생명공학기술은 심지어 정보통신기술보다 더 빠르게 성과를 도출하여 세계의 식량 공급과 인류의 건강을 개선시키고 있다. 예컨대 유전자 편집기술로 이상기온이나 질병에 잘 견디는 농산물을 개발하여 농업의 생산성을 끌어올린다. 기후변화로 농업 생산량이 감소하는 개발도상국가에서는 생명공학기술이 식량 부족 문제의 결정적인 해결 수단이 된다. 그러나 많은 나라에서 유전자변형 농산물이 인체에 해로울지 모른다는 불안감으로 널리 보급되지 않고 있는 실정이다. 결국 저렴한 가격에 영양분도 풍부한 유전자변형 농산물로 식량 부족 문제를 해결하지 못하는 결과가 초래되는 것이다.

생명공학기술은 인류의 건강 증진에 결정적인 역할을 한다. 먼저 유전공학으로 질병의 진단과 치료기술이 급속도로 발전하여 인류의 건강과 삶의 질을 개선하고 건강관리 비용을 절감한다. 생명공학기술이 나노기술과 융합하는 나노의학nanomedicine은 분자 수준에서 질병을 조기에 발견하고 약물을 필요한 부위로 전달하여 질병을 치료한다.

생명공학기술의 발달로 2035년까지 인간의 수명이 연장되지만 그만큼 사회가 감당해야 할 비용도 증가한다. 이러한 사회적 비용이 유전병 치료의 획기적 발전으로 절감되는 건강관리 비용에 의해 벌충될 개연성이 물론 없는 것은 아니다.

질병을 치료하거나 인간 능력을 향상하는 기술의 발전은 필연적으로 그러한 기술에 접근이 가능한 부자와 그렇지 못한 빈자 사이에 일어날 사회적 갈등의 요인이 될 수밖에 없다. 마음이나 몸의 능력을 보강하기 위해 인간의 기본 특성을 인위적으로 변경하는 것은 윤리적 측면에서도 치열한 논쟁을 유발한다.

윤리 문제는 합성생물학에서도 발생한다. 자연에 존재하지 않는 생명체를 합성하는 기술이 발전하면 "누구나 테러공격에 사용될 유독성 미생물을 가공하는 능력을 갖게 될 것"이기 때문이다.

❹ 에너지기술

에너지기술이 발전하고 기후변화에 대한 관심이 고조되면서 재생에너지와 에너지 저장기술이 각광을 받게 된다. 2035년까지 향후 20년간 화석연료, 원자력 에너지, 재생에너지가 함께 전 세계 에너지 수요를 충당할 것으로 전망된다.

❺ 기후개입 climate intervention 기술

지구의 기후를 대규모로 조작하는 지구공학geoengineering을 실현하는 기술이 두 방향으로 발전한다. 지구온난화를 방지하는 방법의 하나는 대기권이나 우주공간에서 햇빛을 차단하여 지구를 식히는 기술이고, 다른 하나는 대기 중의 이산화탄소를 흡수하여 기후변화를 저지하는 기술이다.

지구로 쏟아지는 태양 에너지를 줄여서 지구를 냉각시키는 첫 번째 기술에는 세 가지 방법이 있다.

· 아황산가스를 이용하여 햇빛을 차단한다. — 유황을 저장한 로켓을 성층권으로 쏘아올린 다음에 이를 태워서 아황산가스이산화유황가 나오면 이 입자들로 이루어진 차단장벽을 성층권 안에 형성시킨다. 이산화유황 입자로 성층권에 차양을 만드는 아이디어는 1991년에

발생한 필리핀의 화산 폭발로 황화합물 기체가 대기층 위로 유입되어 태양을 가렸기 때문에 지구의 평균 기온이 낮아진 사례에서 비롯되었다.

·우주에 실리콘 거울을 설치하여 가시광선을 분산시킨다.—지름 60센티미터, 무게 1그램의 실리콘 원반 100만 개를 금속 용기와 함께 담아서 우주로 발사시킨다. 이 금속 용기는 지구와 태양 사이에 머물면서 거울처럼 지구로 향하는 광선을 반사시킨다.

·인공구름을 이용하여 햇빛을 차단한다.—바다 위에 배를 띄워 바닷물을 미세물방울로 분사시켜 인공구름을 만든다.

대기 중에 배출된 이산화탄소를 흡수하거나 저감하는 두 번째 기술에는 세 가지 방법이 있다.

·식물플랑크톤의 성장을 돕는다.—바다에 철을 뿌려 식물플랑크톤의 성장을 돕는다. 식물플랑크톤은 광합성을 하기 위해 이산화탄소를 사용하기 때문이다.

·조림造林을 한다.—산에 나무를 심어 숲을 조성하면 이산화탄소가 흡수된다.

·이산화탄소를 격리한다.—1991년 처음 실용화된 이산화탄소 포

집격리CCS: carbon capture and sequestration 기술은 화석연료에서 직접적으로 대량의 온실가스를 격리하는 방법이다. 발전소나 정유공장에서 배출되는 이산화탄소를 포집하여 땅속 깊숙한 곳에 매장한다.

06 첨단소재

나노물질과 메타물질metamaterial이 거의 모든 산업분야에 활용된다. 나노기술의 발전으로 기계 및 전기적 특성이 뛰어난 나노물질은 기존 소재를 대체하면서 산업 전반에 혁명적 변화를 몰고 온다. 자연에서 아직 발견되지 않은 특이한 전기적 성질을 갖도록 인공적으로 구조가 설계된 물질을 일컫는 메타물질도 매우 다양한 분야에서 적용될 전망이다.

07 첨단제조기술

첨가제조라고 불리는 3차원 인쇄에 이어 프로그램 가능 물질PM: programmable matter이라 불리는 4차원 인쇄4DP도 실용화된다. 스스로 조립을 하거나 스스로 새로운 특성으로 바뀌는 물질을 프로그램 가능 물질이라 이른다. 프로그램 가능 물질기술은 3차원 인쇄에 사용된 물질에 프로그램 능력, 이를테면 물질 스스로 모양이나 특성을 바꾸는 기능을 추가하므로 4차원 인쇄라고도 한다.

「세계적 추세: 진보의 역설」 보고서는 2035년까지 20년 동안 인류사회에 영향을 미칠 7대 핵심기술 추세를 분석하고, 전문가들의 상반된 견해를 함께 소개한다.

"새로운 기술이 생산성과 경제성장에 미치는 영향에 대해 전문가의 의견이 양분된다. 한쪽에서는 '세계가 기술 기반의 생산성 혁명의 정점에 있다'고 주장하고, 다른 한쪽에서는 '새 기술의 영향력은 1870년대부터 20세기 초까지 2차산업혁명 때보다 훨씬 작을 것'이라고 믿는다. 특히 회의론자들은 '새로운 디지털 기술이 지금까지 교통과 에너지에 아주 작은 영향밖에 미치지 못했으며, 지난 수십 년 동안 경제성장을 혁신시키는 데 실패했다'고 주장한다."

이 두 가지 의견 중에서 어느 쪽을 지지할지 결정하는 것은 물론 여러분의 몫이다.

제2부

·

『매일경제』
이인식 과학칼럼

뮤테이터와 멜로믹스는 스스로 창작했다는 측면에서
아론의 한계를 뛰어넘었다.
하지만 사람처럼 자신의 창작 과정을 심미적 기준으로 평가하는
능력을 갖고 있지 않기 때문에 결코 인간의 창조성을 본뜰 수 없다.

인공지능

인공지능
'한 지붕 두 가족' 경쟁

2011년 2월 미국 TV 퀴즈쇼에서 퀴즈 왕들과 왓슨이 맞섰다. IBM 제품인 왓슨은 초당 500기가바이트 데이터(책 100만 권 분량에 해당)를 처리하는 슈퍼컴퓨터이다. 퀴즈는 역사·예술·시사 등 다양한 분야에서 출제되었다.

3회 진행된 퀴즈쇼에서 왓슨이 퀴즈 왕들을 물리치고 완승했다.

2014년 구글은 영국 벤처기업 딥마인드를 4억 달러에 인수했다. 2012년 설립된 딥마인드는 전자상거래와 게임에 대한 예측 모델을 개발한다.

딥마인드는 올해 초 비디오게임 요령을 스스로 학습하는 프로그램을 선보였다. 게임 결과 이 프로그램은 사람들보다 더 높은 점수를 획득했다. 사람과 컴퓨터의 머리싸움에서 왓슨과 딥마인드 프로그램의 승리는 인공지능 수준을 여실히 보여주는 상징적 사례이다.

인공지능은 사람이 지식과 경험을 바탕으로 하여 새로운 상황의 문제를 해결하는 능력, 방대한 자료를 분석하여 스스로 의미를 찾는 학습 능력, 시각 및 음성인식 등 지각 능력, 자연언어를 이해하는 능력, 자율적으로 움직이는 능력 등을 컴퓨터로 실현하는 분야이다. 한마디로 인공지능은 사람처럼 생각하고 느끼며 움직일 줄 아는 기계를 개발하는 컴퓨터과학이다.

인공지능은 상반된 두 가지 방식, 곧 상향식과 하향식으로 접근한다. 하향식 또는 계산주의computationalism는 컴퓨터에 지능과 관련된 규칙과 정보를 저장하고 컴퓨터가 외부 환경에서 감지한 정보와 비교하여 스스로 의사결정을 하도록 한다. 1956년 미국에서 인공지능이 독립된 연구 분야로 태동한 이후 하향식 방법을 채택했으나 1960년대 후반 한계가 드러났다. 1970년대 말엽에 인공지능 이론가들이 뒤늦게 깨달은 사실은 컴퓨터가 지능을 가지려면 가급적 많은 지식을 보유하지 않으면 안 된다는 것이었다.

20여 년의 시행착오 끝에 얻은 아주 값진 교훈이었다. 이런 발상의 전환에 힘입어 성과를 거둔 결과는 전문가 시스템expert system이다. 의사나 체스 선수처럼 특정 분야 전문가들의 문제 해결 능력을 본뜬 컴퓨터 프로그램이다.

하향식은 왓슨처럼 전문가 시스템 개발에는 성과를 거두었지만 보통 사람들이 일상생활에서 겪는 문제를 처리하는 능력을 프로그램으로 실현하는 데는 한계를 드러냈다. 아무나 알 수 없는 것(전문지식)은 소프트웨어로 흉내 내기 쉬운 반면 누구나 알고 있는 것(상식)은 그렇지 않다는 사실이 밝혀진 셈이다. 왜냐하면 전문지식은 단기간 훈련으로 습득이 가능하지만 상식은 살아가면서 경험을 통해 획득한 엄청난 규모의 지식을 차곡차곡 쌓아놓은 것이기 때문이다. 하향식의 이런 한계 때문에 1980년대 후반부터 상향식이 주목을 받았다.

최근 발전하고 있는 상향식 또는 연결주의connectionism는 신경망 neural network으로 접근한다. 사람의 뇌 안에서 신경세포가 정보를 처리하는 방식을 모방하여 설계된 컴퓨터 구조를 신경망이라고 한다. 따라서 신경망 컴퓨터는 사람 뇌처럼 학습과 경험을 통해 스스로 지능을 획득해가는 능력을 갖게 된다. 이른바 기계학습machine learning 분야에서 상향식이 하향식보다 유리한 것도 그 때문이다. 기계학습은 주어진 데이터를 반복적으로 분석하여 의미를 찾고 미래를 예측하는 인공지능이다.

최근 들어 각광받는 딥러닝deep learning도 신경망 이론을 바탕으로 설계된 기계학습 분야이다. 구글이 거금을 들여 딥마인드를 인수할 정도로 딥러닝 시장은 급성장하고 있다.

국제학술지 『사이언스』 7월 17일자 인공지능 특집에 따르면 기계학습은 경영·금융·보건·교육 등 여러 분야에서 의사결정에 활용되는 추세이다.

오늘날 인공지능은 인간 지능의 특정 부분을 제각각 실현하고 있지만 인간 지능의 모든 기능을 한꺼번에 수행하는 기계는 아직 갈 길이 멀다. 이른바 인공일반지능AGI: artificial general intelligence은 하향식과 상향식이 결합해야만 실현될 전망이다. 21세기 후반 인공일반지능 기계가 출현하면 사람과 기계가 어떤 사회적 관계를 맺게 될지 궁금하다.(2015년 8월 5일)

딥러닝 소프트웨어가 세상을 바꾼다

인공지능 역사에서 가장 안타까운 사건 중 하나는 미국 신경생물학자 프랭크 로젠블랫의 죽음이 아닌가 싶다. 인공지능은 1956년 여름 미국에서 하버드대 학생이던 마빈 민스키 등의 주도로 새로운 학문으로 출범했다. 인공지능은 사람이 문제를 해결할 때 마음의 작용과 컴퓨터가 프로그램을 처리할 때 수행하는 기호symbol 조작이 아주 비슷하다고 전제하고, 사람처럼 지능을 가진 컴퓨터 프로그램 개발을 시도한다.

1957년 로젠블랫이 신경망neural network을 최초로 실현한 퍼셉트론Perceptron을 발표하여 인공지능 이론가들을 난처하게 만들었다. 신경망은 뇌의 신경세포(뉴런)가 정보를 처리하는 방식을 본떠 설계된 컴퓨터 구조이다. 따라서 신경망은 인공지능과 달리, 사람 뇌처럼 학습을 통해 지능을 획득하는 능력을 갖게 된다. 퍼셉트론은 영문자와 같은 간단한 이미지를 비슷한 것들끼리 스스로 분류하여 식별하는 능력을 보여줌에 따라 대단한 선풍을 일으켰다. 퍼셉트론의 영향력이 막강해서 수많은 연구진이 인공지능보다는 신경망 쪽에 몰려들었다.

연구 인력과 자금을 빼앗긴 인공지능 이론가들이 가만히 있을 리 만무했다. 민스키는 1969년 펴낸 『퍼셉트론』이라는 책에서 퍼셉트론의 개념상 한계를 낱낱이 비판했다. 이를 계기로 신경망 열기는 급격히 냉각되어 연구 인력이 모조리 등을 돌리고 연구자금까지 끊기면서 신경망 연구는 1980년대 초까지 암흑시대로 들어간다. 로젠블랫은 1971년 7월 43번째 생일날 혼자 보트를 타다가 자살일지도 모르는 사고로 익사했다.

한편 미국 생물물리학자 존 홉필드 등 극소수 학자들은 끈질기게 신경망 연구의 명맥을 유지했다. 마침내 1982년 홉필드가 발표한 논문이 계기가 되어 신경망 이론이 극적으로 부활한다.

신경망과 인공지능을 구분하기 위해 전자를 연결주의, 후자를 계산주의라 부른다. 신경망은 수많은 뉴런이 연결되어 정보가 병렬적으로 처리된다는 측면에서 연결주의, 인공지능은 기호처리 방식에 의해 정보가 직렬적으로 계산된다는 의미에서 계산주의라고 한다.

신경망 연구는 21세기 들어 획기적인 성과를 내놓기 시작한다. 2006년 캐나다 토론토대 컴퓨터과학자 제프리 힌턴이 딥러닝^{deep}

learning의 결작품으로 여겨지는 심층신경망DNN: Deep Neural Network을 개발했기 때문이다.

딥러닝은 기계학습machine learning 분야 중 하나이다. 기계학습은 컴퓨터가 주어진 데이터를 반복적으로 분석하여 의미를 찾고 미래를 예측하는 능력을 뜻한다. 딥러닝은 여러 차례 뛰어난 기계학습 능력을 과시했다.

2012년 6월 스탠퍼드대 앤드루 응은 구글과 추진한 딥러닝 프로젝트인 구글 브레인Google Brain에서 컴퓨터가 스스로 고양이를 식별하도록 학습시키는 데 성공했다. 컴퓨터 프로세서 1만 6,000개와 10억 개 이상의 신경망을 사용하여 유튜브에 있는 1,000만 개 이상 동영상 중에서 고양이 사진을 골라낸 것이다.

2014년 페이스북은 97.25% 정확도로 사람 얼굴을 인식하는 딥러닝기술인 딥페이스Deep Face를 선보였다.

2015년 5월 출시된 딥러닝 소프트웨어인 구글포토Google Photos는 스마트폰 속 수천 장의 사진을 자동으로 분류하는 응용프로그램(앱)이다. 스마트폰에 구글포토앱을 깔고, 사진을 모두 저장한 다음에 검색창에 가령 '손자'라고 쳐서 넣으면 손자 사진이 나타난다. 구글포토는 수백억 장의 사진을 학습하여 사진 속 각 사물의 특징을 익히기 때문에 수억 장 사진을 몇 초 만에 판독해내는 능력을 갖게 되는 것으로 알려졌다.

구글이 개발한 바둑 프로그램인 알파고AlphaGo는 2015년 10월 유럽 바둑 챔피언과 벌인 대국에서 5승무패로 승리를 거두었다.

구글은 딥러닝 소프트웨어인 알파고에 프로 바둑기사의 대국 기보 3,000만 건을 입력한 뒤 알파고 스스로 대국하는 경험을 쌓게끔 했다.

민스키는 지난 1월 24일 세상을 떠났다. 향년 88세. 저승에서 로젠블랫을 만나 무슨 말부터 했을까. 두 사람은 고등학교를 같이 다닌 친구 사이였다.(2016년 2월 20일)

사람과 인공지능의 머리싸움

영국 물리학자 로저 펜로즈는 1999년 1월 『뉴욕 타임스』에 실린 기사에서 "가리 카스파로프를 응원한다. 나는 인간 쇼비니스트human chauvinist이니까"라고 말했다. 쇼비니즘은 특정 집단 또는 생각에 대한 광적인 충성을 의미한다. 인간 쇼비니스트는 '인간 우월주의자'라는 뜻이다.

카스파로프는 러시아 출신으로 1985년 22세에 최연소 세계챔피언에 올라 1500년 체스 역사상 최고 선수로 평가받은 인물이다. 1997년 미국 IBM의 딥블루와 세기의 대결을 펼쳤다. 체스 전문 슈퍼컴퓨터인 딥블루는 초당 2억 가지의 수를 읽는 능력을 보유했다. 전적은 6전1승3무2패로 카스파로프의 석패. 사람과 기계의 첫 머리싸움에서 딥블루가 승리함에 따라 온 세계가 경악했다.

펜로즈는 1989년 펴낸 『황제의 새 마음*The Emperor's New Mind*』에서 인공지능을 정면으로 공격했던 인물이다. 기계가 지능을 가질 수 없다고 주장한 그로서는 인간이 기계보다 우월하다는 입장을 견지할 수밖에 없었을 것이다.

사람과 컴퓨터의 두 번째 체스 대결은 2002년 블라디미르 크람니크와 딥프리츠 간 승부. 러시아 출신인 크람니크는 25세인 2000년 15년 동안 세계챔피언으로 군림한 카스파로프에게서 타이틀을 빼앗은 유망주였다. 독일 회사가 개발한 딥프리츠는 초당 400만 개의 수를 읽는 노트북 컴퓨터용 체스 프로그램에 불과했으나 크람니크는 스승의 패배를 설욕하지 못했다. 전적은 2승4무2패로 무승부.

세 번째 대결은 2003년 초 개최된 카스파로프와 딥주니어 간 경기. 이스라엘에서 개발된 딥주니어는 딥블루보다 100배가량 수를 읽는 속도가 느렸다. 그러나 카스파로프는 명예 회복에 실패했다. 전적은 1승4무1패로 무승부.

네 번째 대결은 2003년 11월 카스파로프와 X3D프리츠의 머리싸움. 전적은 4전1승2무1패로 역시 무승부. 다섯 번째 대결은 2005년 12월 스페인에서 열린 복식 대항전. 아랍에미리트의 컴퓨터 선수 세 개와 세 명의 인간 체스 대가가 맞붙었다. 전적은 5승6무1패로 컴퓨터의 일방적 승리.

2011년 2월 미국의 TV 퀴즈쇼에서 실력이 쟁쟁한 퀴즈왕들과 왓슨*Watson*이 맞섰다. IBM이 개발한 왓슨은 초당 500기가바이트 데이터(책 100만 권 분량에 해당)를 처리할 수 있는 슈퍼컴퓨터이다. 퀴즈는 역사·예술·시사·건축 등 다양한 분야에서 출제되었다. 왓슨은 사람 목소리로 질문을 듣고 정답은 기계음으로 내야 했다. 3회 진행된 퀴즈쇼에서 왓슨이 퀴즈왕들을 물리치고 완승하여 100만 달러의 상금을 거머쥐었다. 수백만 명의 TV 시청자들은 기계에 패배하는 인간의 모습을 지켜보아야 했다.

딥블루와 왓슨의 승리는 인공지능, 특히 전문가 시스템expert system의 수준을 과시한 역사적 사건이다. 전문가 시스템은 특정 분야 전문가가 소관 분야의 문제 해결에 사용하고 있는 경험적 법칙heuristic을 모아놓은 지식 베이스knowledge base와 이것을 사용해 실제로 문제를 해결하는 프로그램인 추론기관inference engine으로 구성된 인공지능 소프트웨어이다.

딥블루와 왓슨에 이어 바둑 프로그램인 알파고가 2015년 10월 유럽 바둑 챔피언에게 5전 전승을 거둠에 따라 인공지능의 위력이 다시 한 번 입증되었다.

구글이 개발한 알파고는 전문가 시스템과 달리 사람 뇌의 학습 능력을 본뜬 딥러닝deep learning 소프트웨어이다.

국제 학술지 『네이처』 1월 28일자는 표지 기사로 알파고를 다루면서 "세계 최고 기사로 여겨지는 이세돌 9단과 3월 시합이 열린다"고 보도했다. 2월 22일 기자회견에서 3월 9일부터 일주일간 알파고와 이세돌 9단의 5번기가 치러지는 것으로 발표되었다. 우승상금 100만 달러가 걸린 세기의 대국에서 이세돌 9단의 우세가 점쳐지고 있어 인간 쇼비니스트들에게는 위안이 될 테지만 알파고는 막강한

학습 능력으로 머지않아 천하무적이 될지도 모른다.(2016년 3월 7일)

원자폭탄보다 위험한
살인로봇

8월 중순 『뉴욕 타임스』와 『월스트리트 저널』 등 미국 주요 언론이 '살인 로봇killer robot' 논쟁을 비중 있게 다루었다. 7월 28일 미국 민간기구 생명미래연구소Future of Life Institute가 인공지능과 자율능력을 갖춘 군사용 로봇, 곧 킬러 로봇의 개발 규제를 촉구하는 서한을 공개한 것이 계기가 되어 논쟁이 벌어졌다.

1,000여 명의 과학기술자가 서명한 이 공개서한은 무인지상차량(로봇탱크)이나 무인항공기(드론) 같은 "킬러 로봇이 화약, 핵무기에 이어 전쟁 무기의 3차혁명을 일으키고 있다"고 전제하고, "킬러 로봇은 원자폭탄보다 더 심각한 위협이 되는 만큼 개발을 중단해야 한다"고 주장했다.

로봇의 살인 가능성에 대한 우려가 표명된 것은 어제오늘의 일이 아니다. 2002년 로봇윤리roboethics라는 용어가 처음 만들어졌다. 2004년 국제 학술대회에서 공식적으로 처음 사용된 로봇윤리는 로봇을 설계·제조·사용하는 사람들이 지녀야 할 윤리적 규범을 제시한다. 요컨대 로봇윤리는 로봇공학이 사람에게 피해를 주지 않는 방향으로 발전하게끔 윤리적 측면을 강조하는 행동 지침인 셈이다.

2006년 로봇의 윤리적 기능을 연구하는 분야가 기계윤리machine ethics 라고 명명되었다. 기계윤리는 로봇에게 사람과 상호작용하면서 옳고 그른 것을 판단할 줄 아는 능력을 부여하는 연구이다. 기계윤리 전문가들은 로봇이 지켜야 하는 윤리적 원칙을 프로그램으로 만들어 로봇에 집어넣을 것을 제안한다. 이를테면 사람과 로봇 모두에게 이로운 행동을 하는 윤리적 로봇ethical robot을 개발해야 한다는 것이다.

2008년 미국 인공지능 전문가 엘리제 유드코프스키는 우호적 인공지능FAI: friendly AI 개념을 창안했다. 그는 "사람이 로봇의 창조주이므로 오로지 우호적인 임무만 수행하도록 로봇을 설계해야 한다"고 주장했다. 이런 맥락에서 사회로봇공학social robotics이 출현하기도 했다. 사회로봇공학의 목표는 로봇에게 사람들 사이에서 자연스럽게 공존할 수 있는 사회적 자질을 부여하여 우호적인 행동을 하고 사랑하는 감정도 느끼게 하는 데 있다.

2009년 『뉴욕 타임스』 7월 26일자에 '과학자들은 기계가 인간보다 영리해지는 것을 걱정한다'는 제목의 기사가 실렸다. 미국 아실로마Asilomar에 인공지능 전문가들이 모여 토론을 벌인 내용을 보도한 기사였다.

기사의 요지는 "참석자 전원은 인간 수준의 인공지능을 개발하는 것은 원칙적으로 가능하다는 데 의견 일치를 보였으며, 인공지능 발전에 따라 로봇에 대한 인간의 통제력이 상실되는 것은 시간문제라고 우려를 표명한 것으로 알려졌다"는 것이다.

1975년 2월 17개국 생물학자 140명이 아실로마에서 유전자 재조합기술의 위험성에 관해 사흘 밤에 걸쳐 토론을 벌인 적이 있다. 인공지능 전문가들이 아실로마를 회의 장소로 일부러 선택한 이유를 알 것도 같다. 인공지능 역시 인류의 안녕과 복지를 해치지 않는 방향으로 나아가도록 연구 목표를 정립해야 한다고 생각했기 때문이 아닐는지.

2010년 『사이언티픽 아메리칸』 7월호 편집자 논평은 미국 정부가 국제 공조를 통해 살인 로봇의 실전 배치를 규제하는 방안을 서둘러 마련할 것을 촉구하고 나섰다.

어쨌거나 이번 킬러 로봇 논쟁을 지켜보면서 개인적으로 다소 뜬금없다는 느낌을 지울 수 없었다. 왜냐하면 가까운 장래에 사람이 살인 로봇과 뒤섞여 전투를 치를 수밖에 없는 상황이기 때문이다.

2008년 미국 국가정보위원회NIC가 발표한 「2025년 세계적 추세」에 따르면 2025년 완전자율 로봇이 마침내 전쟁터를 누비게 된다. 이 보고서는 버락 오바마 미국 대통령이 취임 직후 일독해야 할 문서 목록에 포함된 것으로 알려졌다.

2009년 1월 미국 브루킹스연구소 군사전문가 피터 싱어가 펴낸 『로봇과 전쟁Wired for War』은 미국의 무인병기 보유량이 조만간 수만 대로 늘어날 것이라고 전망했다. 스스로 판단하고 행동하는 살인 로봇이 기어코 개발되어 병사에게 방아쇠를 당길 날도 머지않았음에 틀림없다.(2015년 9월 16일)

로봇이 일터에서
사람을 부린다

직장에서 로봇을 상사로 섬겨야 하는 사람이 늘어나고 있다.

해마다 10대 전략기술을 발표하는 미국 시장조사 기업 가트너가 최근 선정한 2016년의 「10대 전략기술 추세」에 따르면 2018년 300만 명의 노동자가 로봇상사roboboss의 통제를 받게 될 전망이다. 로봇상사는 사람보다 더 정확하게 부하의 실적을 평가하여 인사에 반영하거나 상여금을 산정할 것으로 여겨진다. 사람의 지시를 받던 로봇이 사람을 대체하는 단계를 지나 마침내 사람을 부하로 부리는 세상이 오고야 마는 것 같다.

1980년대 후반부터 산업용 로봇이 수십만 대로 증가하면서 공장 노동자들에게 위협적 존재가 되었다. 기업주들이 로봇을 사람이 힘들어하는 '지루하고, 더럽고, 위험한' 이른바 3D 작업에 우선적으로 배치하여 종업원을 보호하기보다는 노무비 절감이나 노사 문제의 해결책으로 활용하려 했기 때문이다. 로봇에 일자리를 빼앗긴 노동자들의 실직 문제가 사회적 쟁점이 되었다.

게다가 인공지능의 발달로 기계가 단순 반복 노동에 기반을 둔 사무직에서조차 사람을 대체하기 시작함에 따라 실업과 일자리 부족 문제가 세계 공통의 현상으로 나타났다. 가령 공항 무인발권기로 항공권 출력과 좌석 배정까지 한꺼번에 끝낼 수 있게 되면서 기계가 항공사 사무직원의 일자리를 빼앗아가는 결과가 빚어지는 실정이다.

미국 매사추세츠공과대 에릭 브리뇰프슨 경영학과 교수는 "기계가 단순노동자의 일을 대신하기 때문에 대부분의 나라에서 빈부 격차가 발생한다"고 주장했다. 2011년 출간된 『기계와의 경쟁*Race Against the Machine*』에서 그는 기술 발전으로 인간이 기계와의 싸움에서 패배한 게 경제적 불평등을 심화하는 핵심 요인이라는 논리를 전개했다.

영국 옥스퍼드대 연구진은 기술 발전이 일자리에 미치는 영향을 처음으로 계량화한 연구 성과로 자리매김한 논문을 내놓았다. 2013년 9월 발표된 「직업의 미래*The Future of Employment*」라는 논문이다.

이 논문은 미국 702개 직업을 대상으로 컴퓨터에 의한 자동화*computerisation*에 어느 정도 영향을 받는지 분석했다. 직업에 영향을 미칠 대표적 기술로는 기계학습*machine learning*과 이동로봇공학*mobile robotics*이 손꼽혔다. 이 두 가지 인공지능기술은 반복적인 단순 업무뿐만 아니라 고도의 인지 기능이 요구되는 직업도 대체할 것으로 밝혀졌다.

가령 구글이 개발 중인 무인자동차, 곧 무운전차*driverless car*는 결국 운송 관련 직업의 자동화를 예고한다. 자율주행 자동차는 운송 업체의 운전자들을 무용지물로 만들 수 있다는 뜻이 함축되어 있다.

이 논문은 기계학습 같은 인공지능기술 발전에 따라 자동화가 되기 쉬운 직업은 절반에 가까운 47%나 되고, 컴퓨터의 영향을 중간 정도 받을 직업은 20%, 컴퓨터 기술이 아무리 발전해도 쉽게 대체될 것 같지 않은 직업은 33%에 불과한 것으로 분석했다. 이런 노동시장의 구조 변화는 두 가지 추세를 나타낸다.

첫째, 중간 정도 수준의 소득을 올리던 제조업이 인공지능으로 자동화되면서 일자리를 상실한 노동자들이 손기술만 사용하므로 자동화되기도 어렵고 소득 수준도 낮은 서비스업으로 이동한다.

둘째, 비교적 높은 수준의 지식과 경험이 요구되는 상위 소득 직업은 여전히 일자리가 늘어난다. 결과적으로 소득이 높은 정신노동 직업과 소득이 낮은 근육노동 시장으로 양극화되고 중간 소득 계층인 단순 반복 작업의 일자리는 사라지게 될 것으로 예상된다.

2015년 5월 미국 벤처기업가 마틴 포드가 펴낸『로봇의 융성*Rise of the Robots*』역시 인공지능에 의해 변호사나 기자 같은 전문직도 로봇으로 대체된다고 주장한다.

21세기에 살아남을 일자리는 인공지능이 취약한 부분, 예컨대 패턴인식pattern recognition 기능이 요구되는 직업일 수밖에 없다. 환경미화원이나 경찰관처럼 세상을 깨끗하게 만드는 직업이 패턴인식 능력이 필요하여 로봇으로 대체하기 어렵다니 얼마나 다행스러운가.(2015년 10월 28일)

알파고는
양날의 칼이 될 것인가

인공지능 바둑 프로그램 알파고가 이세돌 9단과의 대결에서 4승

1패로 압승함에 따라 다양한 반응이 나오고 있다. 우선 인공지능 전문가들은 일찌감치 알파고의 우세를 확신하고 있었던 터라 이세돌 9단의 패배를 당연한 결과로 받아들이는 것으로 여겨진다.

『뉴욕 타임스』는 알파고의 첫 승리를 보도한 3월 9일자에서 미국 인공지능진흥협회AAAI 전문가를 대상으로 실시한 설문조사 결과를 게재했다. 55명 과학자 중 69%가 알파고 승리를 예측했다는 것이다. 이세돌 9단의 승리를 점친 전문가는 절반에 못 미치는 31%에 불과했다.

알파고 우승이 컴퓨터 기술 발전에 긍정적 역할을 할 것이라는 보도도 잇따르고 있다. 영국 경제주간지 『이코노미스트』 3월 12일자는 커버스토리로 '컴퓨터의 미래'를 다루면서 알파고에 사용된 기술을 활용하면 컴퓨터가 가령 '사람 얼굴도 인식하고, 언어를 번역하는 능력', 곧 이미지와 음성을 인식하는 능력을 증대시킬 것이라고 전망했다. 특히 『이코노미스트』는 알파고의 기계학습 능력인 딥러닝deep learning 기술이 인공일반지능AGI: artificial general intelligence 실현에 크게 기여할 것이라고 내다보았다.

오늘날 인공지능은 전문지식 추론이나 학습 능력 같은 인간 지능의 특정 기능을 기계에 부여하는 수준일 따름이다. 요컨대 인간 지능의 모든 부분을 한꺼번에 기계로 수행하는 인공일반지능은 아직 초보 단계에 머물고 있다. 2006년 인공지능 발족 50주년에 개최된 학술회의에서 인공지능 전문가를 대상으로 인공지능 발족 100주년이 되는 2056년까지 인공일반지능의 실현 가능성에 대한 설문 조사를 실시한 결과, 절반이 넘는 59%가 2056년 전후로 인공일반지능 기계가 실현될 것이라고 응답했다.

인공일반지능 기계는 다름 아닌 사람처럼 생각하는 기계이다. '알파고의 아버지'라 불리는 데미스 허사비스 구글 딥마인드 대표도 3월 11일 KAIST 초청 강연에서 "사람과 같은 수준의 지능을 가진 인공지능이 나오려면 수십 년은 더 기다려야 할 것"이라고 말했다. 그럼에도 불구하고 인공지능에 대해 공포감을 느끼는 사람들이 적지 않은 것 같다.

기계가 인간보다 뛰어나서 인간이 기계에 밀려날 것이라는 공포감은 소설이나 영화를 통해 끊임없이 표출되었다. 1999년 부활절 주말에 미국에서 개봉된 영화「매트릭스」의 무대는 2199년 인공지능 기계와 인류의 전쟁으로 폐허가 된 지구이다. 마침내 인공지능 컴퓨터들은 인류를 정복해 인간을 자신들에게 에너지를 공급하는 노예로 삼는다.

로봇공학자인 영국의 케빈 워릭은 1997년 펴낸『기계의 행진March of the Machines』에서 21세기 지구의 주인은 로봇이라고 단언했다. 워릭은 2050년 기계가 인간보다 더 똑똑해져 지구를 지배하게 된다고 주장하면서 남녀 모두 기계의 통제를 받으며 기계의 노예로 사는 삶을 생생하게 묘사했다.

워릭처럼 인공지능의 미래에 우려를 표명한 전문가는 한둘이 아니다. 2009년『뉴욕 타임스』7월 26일자에 '과학자들은 기계가 인간보다 영리해지는 것을 걱정한다'는 제목의 기사가 실렸다.

미국 AAAI 후원으로 인공지능 전문가·윤리학자·법률학자 등이 아실로마Asilomar에 모여 인공지능 발전과 관련된 쟁점에 대해 토론을 벌인 내용을 보도한 기사였다. 토론 결과 참석자 전원이 인간 수준의 인공지능, 곧 인공일반지능을 개발하는 것은 원칙적으로 가능하다는 데 의견 일치를 보았으며, 인공지능 발전에 따라 기계에 대한 인간의 통제력이 상실되는 것은 시간 문제라고 우려를 표명한 것으로 보도되었다.

2015년 7월 28일 미국 민간기구 생명미래연구소Future of Life Institute는 인공지능과 자율능력을 갖춘 군사용 로봇, 곧 킬러 로봇의 개발 규제를 촉구하는 서한을 공개했다. 1,000여 명의 과학기술자가 서명한 이 공개 서한은 "킬러 로봇이 원자폭탄보다 더 심각한 위협이 되는 만큼 개발을 중단해야 한다"고 주장했다. 알파고 역시 인간의 통제가 불가능한 양날의 칼이 될지 앞으로 지켜볼 일이다.(2016년 3월 19일)

인공창의성의 걸작품

사람처럼 생각하는 기계를 개발하는 인공지능의 발전으로 전문 지식 추론이나 학습 능력에서 사람을 능가하는 컴퓨터가 출현함에 따라 컴퓨터 프로그램의 창조적인 능력, 곧 인공창의성artificial creativity

도 관심사가 되고 있다.

1970년대 초부터 그림을 그리거나 음악을 작곡하는 컴퓨터 프로그램이 개발되기 시작했다. 예술가의 창조적인 재능을 가진 프로그램으로 여겨지는 대표적인 작품은 아론, 에미, 뮤테이터, 멜로믹스가 손꼽힌다.

아론Aaron은 1973년 영국 추상파 화가 해럴드 코언이 개발한 컴퓨터 화가이다. 아론은 코언이 화가로서 얻은 경험에서 도출된 규칙으로 구성된 일종의 전문가 시스템이다. 일단 프로그램이 동작을 시작하면 아론 스스로 그림을 그린다. 아론은 인간의 예술적 재능과 인공지능기술을 융합한 최초의 걸작품으로 평가된다.

에미EMI는 '음악적 지능의 실험Experiments in Musical Intelligence'을 뜻하는 약자이다. 미국 작곡가 데이비드 코프가 1982년부터 15년간 10만 줄의 컴퓨터 부호를 작성하는 노력 끝에 완성한 에미는 바흐·베토벤·모차르트의 교향곡 같은 음악을 작곡할 수 있다. 가령 에미는 모차르트가 작곡한 교향곡 41개를 분석하여 42번째 교향곡을 작곡했다. 모차르트 사후 200여 년이 지나 그가 부활하여 신곡을 발표한 듯한 착각을 일으킬 정도였다.

아론과 에미의 성공은 컴퓨터 프로그램의 창조적 능력에 대해 논란을 불러일으켰다. 예컨대 아론이 그린 그림의 주인을 놓고 의견이 엇갈린다. 한쪽에서는 아론이 코언의 창조적 재능의 산물이므로 아론은 코언의 꼭두각시일 따름이라고 주장하는 반면, 다른 한쪽에서는 코언이 아론이 그릴 그림의 내용을 예측하지 못하므로 그림의 주인은 아론이라고 주장한다.

어쨌든 코언의 예술적 재능을 흉내낸 아론이 독창적인 작품을 만들어낸다고 인정하더라도 인간의 창의성과는 비교될 수 없다. 왜냐하면 역사에 기록된 천재적인 예술가들이 보여준 창조성은 단순히 기존 방식을 따르지 않고 도리어 그것을 변형시킬 때 발현되었기 때문이다. 아론은 물론 이런 능력을 갖고 있지 않다. 아론이 다른 프로그램보다는 창의적이지만 사람에 버금가는 창조성을 가지려면 반드시 자신의 작업을 자율적으로 수정할 수 있어야 한다는 뜻이다.

아론의 한계를 뛰어넘으려는 시도는 생물의 진화 과정을 프로그램에 응용하는 이른바 '진화 미술' 또는 '진화 음악' 형태로 나타났다. 대표적인 성과는 뮤테이터와 멜로믹스이다. 영국 조각가 윌리엄 레이섬이 개발한 뮤테이터Mutator는 '돌연변이 유발 유전자', 곧 다른 유전자의 돌연변이를 일으키는 유전자를 뜻한다. 레이섬은 수정란이 두 개의 딸세포로 분열되는 단순 과정을 반복하여 복잡한 형태의 성체가 되는 메커니즘에서 영감을 얻어 그림을 그리는 프로그램을 개발했다. 뮤테이터는 인간의 상상력을 뛰어넘는 기묘한 모양을 그려낸다.

스페인 과학자들이 개발한 멜로믹스Melomics는 '선율의 유전체학 genomics of melodies'을 뜻한다. 생물의 발생 과정을 본뜬 멜로믹스는 사람의 도움 없이 작곡할 수 있다. 2011년 10월 멜로믹스로 작곡된 음반인 이아머스Iamus가 발표되었다. 이아머스는 2012년 7월 런던 교향악단이 연주하여 '컴퓨터가 작곡하고 교향악단이 연주한 최초의 음악 작품'으로 자리매김했다.

뮤테이터와 멜로믹스는 진화에 의한 변형을 통해 스스로 창작했다는 측면에서 이론의 한계를 뛰어넘었다고 할 수 있다. 하지만 사람처럼 자신의 창작 과정을 심미적 기준으로 평가하는 능력을 갖고 있지 않기 때문에 컴퓨터는 결코 인간의 창조성을 본뜰 수 없다는 주장도 설득력을 갖게 된다. 사람의 창조적 사고 과정을 그대로 본뜬 컴퓨터 개발이 가능할지 여부는 두고 볼 일이다. 그러나 인공창의성 분야 권위자인 영국 철학자 마거릿 보든의 말처럼 "컴퓨터가 만들었다는 이유만으로 외면하면 우리는 흥미롭고 아름다운 수많은 작품을 잃게 될 것"이다.(2016년 1월 23일)

기계가 의식을 가질 수 있을까

기계학습 바둑 프로그램 알파고가 이세돌 9단을 몰아세우는 장면을 목격한 사람들은 인공지능에 두려움을 느낌과 동시에 궁금증을 가질 법도 하다. 특히 호기심에 충만한 어린이들은 인공지능을 공부해보고 싶어 벌써 책방으로 달려갔을는지도 모른다. 이런 어린이에게 추천해주고 싶은 참고 도서는 2000년 출간된 『똘망똘망 인공지능*Artificial Intelligence*』이다.

청소년 또는 초심자를 위해 집필된 도서답게 인공지능의 기본 개념을 그림으로 설명하고 있다. 가령 사람 뇌 안에서 신경세포(뉴런)가 정보를 전달하는 그림도 나온다. 뇌의 뉴런이 정보를 처리하는 방식을 본떠 설계된 컴퓨터 구조가 신경망이다.

신경망 기술로 개발된 대표적 프로그램이 다름 아닌 알파고이다. 청소년을 위한 책이라고 해서 가볍게 생각하면 안 될 줄로 안다. 계산주의, 상향식, 전문가 시스템, 딥블루, 튜링 테스트, 정서컴퓨터, 양자컴퓨터 등 핵심 개념이 망라되어 있기 때문이다. 학부형이 먼저 일독하고 자녀와 함께 토론하면 교육 효과가 배가될 것 같다.

인공지능의 미래에 관심이 많은 일반인들에게는 미국 로봇공학 전문가 한스 모라벡이 1988년 펴낸 『마음의 아이들*Mind Children*』을 권유하고 싶다. 이 책에서 모라벡은 2040년까지 사람처럼 보고 말하고 행동하는 로봇이 개발된다고 전망한다. 일단 이런 로봇이 출현하면 놀라운 속도로 인간의 능력을 추월하기 시작할 것이다. 결국 2050년 이후 지구의 주인은 인류에서 로봇으로 바뀌게 된다. 이 로봇은 소프트웨어로 만든 인류의 정신적 자산, 이를테면 지식·문화·가치관을 모두 물려받아 다음 세대로 넘겨줄 것이므로 자식이라 할 수 있다. 모라벡은 인류의 미래가 사람 몸에서 태어난 혈육보다는 사람 마음을 물려받은 기계, 곧 마음의 아이들에 의해 발전되고 계승될 것이라고 주장한다.

이어서 모라벡은 마음 업로딩mind uploading 시나리오를 제시한다. 뇌 속에 들어 있는 사람 마음을 로봇과 같은 기계장치로 옮기는 과정을 마음 업로딩이라고 한다. 사람 마음이 로봇 속으로 몽땅 이식되면 사람이 말 그대로 로봇으로 바뀌게 된다. 로봇 안에서 사람 마음은 사멸하지 않게 되므로 결국 영생을 누리게 되는 셈이다. 이른바 디지털 불멸digital immortality이 가능해진다.

인공지능 찬반 논쟁에 관심을 가진 대학생들에게는 견해를 달리하는 두 권의 명저를 추천한다. 먼저 인공지능의 가능성을 지지하는 대표적 저서로는 미국 인지과학자 더글러스 호프스태터가 1979년 펴낸 『괴델, 에셔, 바흐Godel, Escher, Bach』가 손꼽힌다.

수학자(괴델), 화가(에셔), 작곡가(바흐)의 위대한 업적을 한데 묶어서 인간의 의식이 뇌에서 발생하는 이유를 설명하고, 뇌가 떠받들고 있는 마음에서 의식이 창발(創發)하는 것처럼 컴퓨터 역시 하드웨어의 지원을 받는 소프트웨어에서 의식을 만들어낼 수 있다고 주장한다. 요컨대 기계가 의식을 얼마든지 가질 개연성이 있다는 뜻이다. 깨알 같은 글자로 800쪽 가까운 원서인 터라, 출간되고 20년이 지난 1999년 번역판이 나온 것만도 독자들에게는 여간 반가운 일이 아닐 수 없다.

기계가 지능을 가질 수 있다고 확신하는 사람들에게 가장 강력한 공격을 퍼부은 책은 영국 물리학자 로저 펜로즈가 1989년 출간한 『황제의 새 마음The Emperor's New Mind』이다.

펜로즈는 인지과학자들이 일반적으로 동의하고 있는 의식의 개념조차 인정하지 않는다. 게다가 사람 뇌에 의해 수행되는 모든 행동에 의식적인 사고가 반드시 필요한 것도 아니라고 주장한다.

이 책에서 펜로즈는 의식이 뇌세포에서 발생하는 양자역학적 현상에 의해 생성되기 때문에 인공지능의 주장처럼 컴퓨터로 사람 마음을 결코 복제할 수 없다고 강조한다. 그의 독창적인 양자의식 이론은 신경과학자들로부터 마음의 수수께끼를 풀기는커녕 오히려 신비화시켰다는 비난과 함께 조롱까지 당했으나 대중적으로 주목을 받아 그의 난해한 저서가 뜻밖에도 세계적인 베스트셀러가 되는 행운을 누렸다. 물론 우리나라는 제외하고.(2016년 4월 16일)

02

뇌연구
프로젝트

생각으로
비행기 조종한다

2009년 개봉된 할리우드 영화 「아바타」는 주인공 생각이 분신(아바타)의 몸을 통해 그대로 행동으로 옮겨지는 장면을 보여준다. 이처럼 손을 사용하지 않고 생각만으로 기계장치를 움직이는 기술을 뇌-기계 인터페이스BMI: brain-machine interface 라고 한다.

BMI는 두 가지 접근 방법이 있다. 하나는 뇌의 활동 상태에 따라 주파수가 다르게 발생하는 뇌파를 이용하는 방법이다. 먼저 머리에 띠처럼 두른 장치로 뇌파를 모은다. 이 뇌파를 컴퓨터로 보내면 컴퓨터가 뇌파를 분석하여 적절한 반응을 일으킨다. 다른 하나는 특정 부위 신경세포(뉴런)의 전기적 신호를 이용하는 방법이다. 뇌 특정 부위에 미세전극이나 반도체 칩을 심어 뉴런의 신호를 포착한다.

BMI기술 초창기부터 두 가지 방법이 경쟁적으로 연구 성과를 쏟아냈다. 1998년 3월 최초 BMI 장치가 선보였다. 미국 신경과학자인 필립 케네디가 만든 이 BMI 장치는 뇌졸중으로 쓰러져 목 아랫부분이 완전히 마비된 환자의 두개골에 구멍을 뚫고 이식되었다. 케네디의 BMI 장치에는 미세전극이 한 개밖에 없었지만 환자는 생각하는 것만으로 컴퓨터 화면의 커서를 움직이는 데 성공했다. 케네디와 환자의 끈질긴 노력으로 BMI 실험을 최초로 성공하는 기록을 세운 것이다.

1999년 2월 독일 신경과학자인 닐스 비르바우머는 몸이 완전히 마비된 환자 두피에 전자장치를 두르고 뇌파를 활용하여 생각만으로 1분에 두 자꼴로 타자를 치게 하는 데 성공했다.

BMI 기술은 손발을 움직이지 못하는 환자뿐만 아니라 정상적인 사람들에게도 활용되기 시작했다. 뇌파를 이용한 BMI 제품이 비디오게임, 골프 같은 스포츠, 수학 교육, 신경마케팅 분야에서 판매되고 있다.

2009년 1월 버락 오바마 미국 대통령이 취임 직후 일독해야 할 보고서 목록에 포함된「2025년 세계적 추세」에는 서비스 로봇 분야에 BMI 기술이 적용되어 2020년 생각 신호로 조종되는 무인차량이 군사 작전에 투입될 것으로 명시되었다. 가령 병사가 타지 않은 BMI 탱크를 사령부에 앉아서 생각만으로 운전할 수 있다는 것이다.

2020년께에 비행기 조종사들이 손 대신 생각만으로 기계를 움직여 비행기를 조종하게 될 것이라고 전망하는 전문가들도 적지 않다.

세계 최고 BMI 전문가인 미겔 니코렐리스 역시 이와 비슷한 전망을 내놓았다. 2011년 3월 펴낸 저서 『경계를 넘어서$^{Beyond\ Boundaries}$』에서 니코렐리스는 "2020~2030년에 사람의 뇌와 각종 기계장치가 연결된 네트워크가 실현될 것"이라고 주장했다.

2014년에 이런 전망들의 타당성을 뒷받침하는 연구 성과가 두 차례 발표되었다. 1월 독일 뮌헨공대의 '뇌비행^{Brainflight}' 프로젝트 연구진은 사람이 생각만으로 시뮬레이션(모의) 비행기를 이·착륙시키는 실험에 성공했다. 실험에 참가한 7명 중에는 비행기 조종 경험이 전혀 없는 사람도 있었다. 그러나 이들은 모두 머리에 뇌파를 모으는 장치를 쓰고 생각만으로 모의비행기를 조종하는 데 성공했다.

6월 12일 열린 2014 브라질 월드컵 개막전에서 브라질 대통령이나 축구영웅 펠레가 시축하지 않고 하반신이 마비된 29세 브라질 청년이 외골격^{exoskeleton}을 착용하고 걸어 나와 공을 찼다. 이 외골격은 뇌파로 제어되는 일종의 입는 로봇이다. 시축 행사는 니코렐리스가 이끄는 국제 공동연구인 '다시 걷기$^{Walk\ Again}$' 프로젝트에 의해 추진되었다. 니코렐리스는 1961년 브라질에서 태어났다.

앞으로 5~10년 뒤 사람 뇌와 기계를 연결하는 인터페이스 기술이 경제·교통·스포츠·군사 분야뿐만 아니라 사람 사이의 상호작용 방식을 송두리째 바꾸어놓을 것 같다.(2014년 12월 24일)

마음 인터넷으로
텔레파시 가능해진다

인류가 텔레파시 능력을 갖게 될 가능성이 커지고 있다. 사람의 뇌를 서로 연결하여 말을 하지 않고도 생각만으로 소통하는 기술, 곧 뇌-뇌 인터페이스BBI: Brain-Brain Interface가 발전을 거듭하고 있기 때문이다. 2013년 뇌-뇌 인터페이스의 실현 가능성을 보여준 실험 결과가 세 차례 발표되었다.

첫 번째 실험 결과는 미국 듀크대 신경과학자 미겔 니코렐리스가 동물의 뇌 간 BBI를 실현한 것이다. 온라인 국제학술지 『사이언티픽 리포트Scientific Reports』 2월 28일자에 실린 논문에서 니코렐리스는 "듀크대의 쥐와 브라질에 있는 쥐 사이에 인터넷을 통해 뇌를 연결하고 신호를 전달하는 실험에 성공했다"고 보고했다. 듀크대 쥐는 붉은빛을 보면 레버(지레)를 누르고, 브라질 쥐는 듀크대 쥐가 보내는 신호에 의해 뇌가 자극되면 레버를 누르게끔 훈련을 시켰다. BBI 실험을 10회 반복한 결과 일곱 번이나 브라질 쥐가 듀크대 쥐의 뇌 신호에 정확히 반응하여 레버를 눌렀다. 이는 두 생물의 뇌 사이에 신호가 전달되어 정확히 해석될 수 있음을 처음으로 보여준 역사적 실험이다.

두 번째 실험 결과는 미국 하버드대 의대 유승식 교수와 고려대 박신석 교수가 동물의 뇌와 사람 뇌 사이에 BBI를 실현한 것이다. 온라인 국제학술지 『플로스원PLOS ONE』 4월 4일자에 실린 논문에서

유 교수는 "사람의 뇌파를 초음파로 바꿔 쥐의 뇌에 전달하여 쥐 꼬리를 움직이게 하는 실험에 성공했다"고 밝혔다. 머리에 뇌파를 포착하는 두건을 쓴 사람이 쥐의 꼬리를 움직여야겠다는 생각을 한다. 컴퓨터가 이때 발생하는 뇌파를 분석하여 초음파 신호로 바꾼다. 이 초음파 신호는 무선으로 공기를 통해 쥐의 뇌로 전송되었으며 약 2초 뒤 쥐 꼬리가 움직였다.

세 번째 실험 결과는 미국 워싱턴대 컴퓨터과학 교수 라제시 라오와 심리학 교수 안드레아 스토코가 사람과 사람 뇌 사이에 BBI를 실현한 것이다. 라오는 뇌파를 포착하는 두건을 쓰고 스토코는 경두개자기자극TMS: Transcranial Magnetic Stimulation 헬멧을 착용했다. TMS는 두개골을 통해 자장磁場을 뇌에 국소적으로 통과시켜 신경세포를 자극하는 기술이다.

인터넷으로 연결된 두 사람은 비디오 게임을 했다. 라오는 비디오 게임의 화면을 보면서 손을 사용하지 않고 단지 조작할 생각만 하는 역할을 맡았다. 이때 라오의 뇌파는 컴퓨터에 의해 분석되어 인터넷을 통해 스토코의 머리로 전송되었다. 스토코 머리의 TMS 헬멧은 라오가 보낸 뇌 신호에 따라 신경세포를 자극했다. 라오가 게임을 조작하려고 생각했던 그대로 스토코의 손이 움직여 키보드를 누르려 했다. 물론 스토코는 자신의 손이 움직이는 것을 사전에 알아차리지 못했다. 8월 12일의 이 실험은 사람 사이의 뇌끼리 정보를 전달할 수 있음을 최초로 보여준 역사적 사건이다.

2014년 『격월간 사이언티픽 아메리칸 마인드』 11 · 12월호에 기고

한 글에서 라오와 스토코는 2013년 8월 12일 실험이 아직 스토코의 생각이 라오에게 전달되는 쌍방향 BBI 수준은 아니지만, 머지않은 장래에 '어려운 수학 방정식을 풀거나 다른 나라 수도 이름을 외우는 것처럼' 복잡한 생각도 뇌에서 뇌로 직접 주고받게 될 것이라고 전망했다.

니코렐리스는 2011년 3월 펴낸 『경계를 넘어서*Beyond Boundaries*』에서 BBI 기능을 가진 뇌끼리 연결된 네트워크를 뇌 네트brain-net라고 명명하고, 전체 인류가 집단적으로 마음이 융합되는 세상이 올 것이라고 상상했다.

한편 미국 물리학자 미치오 카쿠는 2014년 2월 펴낸 『마음의 미래*The Future of the Mind*』에서 뇌 네트를 '마음 인터넷Internet of the mind'이라 부를 것을 제안했다.

BBI 기술이 쌍방향 소통 수단으로 실현되어 인류가 마음 인터넷으로 생각과 감정을 텔레파시처럼 실시간으로 교환하게 되면, 정녕 전화는 물론 언어도 쓸모없어지는 세상이 오고야 말 것인지.(2015년 3월 18일)

디지털 뇌와 뇌 지도를 만든다

사람 뇌의 구조와 기능을 연구하는 대규모 프로젝트가 두 방향에서 추진되고 있다. 하나는 뇌를 역설계^{reverse engineering}해서 디지털 뇌를 만드는 것이다. 역설계는 제품을 분해하여 설계를 알아낸 뒤 그대로 모방하는 기술을 뜻한다. 다른 하나의 방향은 뇌 안의 신경세포(뉴런)가 연결된 상태와 전기적 활동을 나타내는 지도를 만드는 것이다.

뇌를 역설계해서 디지털 뇌를 만드는 기법으로는 컴퓨터 시뮬레이션이 활용된다. 시뮬레이션이란 실제로는 실행하기 어려운 실험을 간단히 흉내내는 모의실험을 의미한다. 뇌를 컴퓨터로 시뮬레이션하면 뇌의 구조와 기능을 실물처럼 모방한 디지털 뇌를 얻게 된다.

뇌의 컴퓨터 시뮬레이션에 도전하는 대표적 인물은 스위스 계산신경과학자 헨리 마크램이다. 2009년 7월 테드^{TED} 강연에서 마크램은 "사람 뇌를 10년 안에 만드는 것은 불가능하지 않다. 인공 뇌는 사람과 거의 비슷하게 말도 하고 행동도 할 것"이라고 기염을 토했다. 이런 맥락에서 그가 추진 중인 '인간 뇌 프로젝트^{HBP: Human Brain Project}'는 과학계의 지대한 관심사가 되고 있다. 2012년 마크램은 『월간 사이언티픽 아메리칸』 6월호에 기고한 글에서 "HBP는 사람 두개골 안의 뉴런 890억 개와 이들의 100조 개 연결을 컴퓨터로 시뮬레이션하는 것"이라 설명하고, "뇌의 디지털 시뮬레이션을 구축하면 신경과학·의학·컴퓨터 기술에 혁명적 변화가 일어날 것"이라고 전망했다.

마크램은 HBP에 필요한 자금을 마련하기 위해 유럽위원회의 연구과제 공모에 신청했다. 2013년 1월 28일 유럽위원회는 10년간

10억 유로를 지원하는 과제의 하나로 HBP가 선정되었다고 발표하여 세계 언론이 대서특필했다.

뇌를 연구하는 두 번째 접근방법은 뇌 지도를 만드는 것이다. 2005년 100조 개 이상으로 추정되는 뉴런 연결망을 지도로 나타내는 학문이 출현했다. 뇌신경 연결 지도는 커넥톰connectome, 커넥톰을 작성하고 분석하는 분야는 커넥토믹스connectomics라 불린다.

2009년 7월 미국 국립위생연구소NIH는 5개년 계획으로 '인간 커넥톰 프로젝트HCP'에 착수했다. 2010년 9월 NIH는 워싱턴대에 3,000만 달러, 하버드대에 850만 달러를 지원했다. 워싱턴대는 1,200명의 커넥톰을 작성하고 있다.

물론 커넥톰이 완성되면 뉴런의 연결 상태를 한눈에 파악할 수 있을 테지만 뇌의 활동을 완벽하게 이해하는 데는 한계가 있을 수밖에 없다. 커넥톰으로는 뉴런의 전기적 활동 상태를 나타낼 수 없기 때문이다. 다시 말해 뉴런이 주고받는 신호가 우리의 생각·감정·행동으로 어떻게 변환되는지 파악하기 위해서는 뉴런의 전기적 활동을 기록한 지도가 필요한 것이다.

2012년 격주간 학술지 『뉴런Neuron』 6월 21일자에 이런 뇌 지도의 개발을 제안한 논문이 실렸다. 이 논문 제목은 「뇌 활동 지도BAM: Brain Activity Map와 기능적 커넥토믹스의 도전」이다. 이 논문이 계기가 되어 BAM 프로젝트가 버락 오바마 미국 대통령 집권 2기의 핵심 국정과제로 떠올랐다.

2013년 4월 2일 오바마 대통령은 '브레인 계획BRAIN Initiative'을 발표했다. 브레인은 '첨단 혁신 신경공학을 통한 뇌연구Brain Research through Advancing Innovative Neurotechnologies'를 뜻하는 단어의 첫 글자로 만든 약어이다. 오바마 대통령은 브레인 계획을 발표하면서 "인간 지놈 프로젝트HGP에 투자한 예산이 1달러마다 140달러를 미국 경제에 되돌려주었다"고 강조하며 브레인 계획에 10년간 매년 3억 달러, 곧 30억 달러 이상의 투자를 약속했다.

사람의 디지털 뇌가 완성되고, 사고와 행동의 기초를 이루는 뉴런의 전기적 활동을 나타내는 지도가 제작되면 알츠하이머병이나 정신분열증 같은 뇌질환의 진단과 치료에 청신호가 켜질 뿐만 아니라 현대과학이 풀지 못한 난제 중 하나인 의식의 근원이나 무의식의 세계 같은 미답의 영역이 모습을 드러낼 날도 머지않은 것 같다.(2015년 4월 1일)

머리 이식수술에 도전한다

1997년 영화 「얼굴 맞바꾸기Face Off」는 미국 연방수사국 요원과 테러범이 서로의 안면을 떼어낸 뒤 이식을 하여 얼굴이 맞바뀐 상황을 연출한다. 2005년 11월 프랑스에서 세계 최초로 다른 사람의 얼굴을 부분적으로 이식하는 안면 수술에 성공했다.

얼굴뿐만 아니라 머리 자체를 바꾸는 것을 꿈꾸는 사람들도 있다. 머리 이식^{head transplant}은 공상과학 영화 소재에 머물렀으나 20세기 초부터 몇몇 과학자가 동물을 대상으로 실험을 실시했다.

1908년 미국 생리학자 찰스 거스리(1880~1963)는 작은 잡종견 머리를 큰 개의 목에 접합하는 실험을 했다. 큰 개의 머리는 손대지 않았으므로 머리가 두 개 달린 상태였다.

1954년 러시아 외과의사 블라디미르 데미코프(1916~1998)는 잡종 강아지의 상체를 몸집이 더 큰 개의 목 혈관에 접합시켰다. 앞다리가 달린 채로 상체를 접합했으므로 목 두 개, 앞다리 네 개가 달린 개가 생긴 것이다. 이 개는 수술 뒤 29일간이나 생존했다.

머리가 제거된 포유동물의 몸뚱이에 새 머리를 이식하는 수술은 미국 신경외과학자 로버트 화이트에 의해 처음 시도되었다. 1970년 화이트는 붉은털원숭이가 머리 이식수술 이후 마취에서 깨어나 두개골의 신경 기능을 완벽하게 회복했으며 8일 동안 살아 있었다고 발표했다.

화이트는 원숭이 머리 이식수술 절차를 조금만 응용하면 사람 머리 이식도 가능할 것이라고 주장했다. 그가 말하는 사람의 머리 이식수술 과정은 머리를 주는 사람과 머리를 받는 사람을 마취시키는 것으로 시작된다. 두 사람의 목둘레를 절개한 뒤 조직과 근육을 분리하여 동맥·정맥·척추를 노출시킨다. 뇌가 충분한 혈액 공급, 곧 산소를 받도록 하기 위해 피의 응고를 방지하는 약품을 혈관마다 집어넣는다. 두 사람의 목 척추에서 뼈를 제거한 뒤 척수를 드러낸다. 척추와 척수를 분리한 다음 이식해야 하는 머리를 절단해 머리가 이미 잘려 있는 몸에 접합시킨다. 이어서 이식된 머리에 달린 정맥과 동맥을 새로운 몸의 정맥과 동맥에 봉합한다. 근육과 피부가 차례대로 봉합되면서 머리 이식수술이 완료된다.

화이트에 이어 머리 이식수술 연구에 성과를 올린 인물은 이탈리아 외과의사 세르조 카나베로이다. 온라인 학술지 『국제외과신경학 *Surgical Neurology International*』2월 3일자에 발표한 논문에서 카나베로는 화이트와 유사한 머리 이식수술 방법을 제안하고, 가장 어려운 문제는 몸의 면역계가 새 머리를 거부하지 못하게끔 하는 것이라고 밝혔다. 화이트의 머리 이식수술이 실패한 이유 중 하나는 원숭이 머리가 새 몸뚱이에 의해 거부되었기 때문이다. 일부 전문가들은 남의 장기나 팔다리를 받아들이게 하는 약품을 투여하면 면역 거부반응을 손쉽게 해결할 수 있다고 주장한다.

영국 『주간 뉴사이언티스트』2월 28일자에는 머리 이식을 커버스토리로 다루면서 카나베로의 아이디어가 현실화할 것으로 전망했다. 사고로 목 아랫부분이 마비되거나, 나이가 들어 근육과 신경 기능이 저하되거나, 암에 걸려 완치가 어려운 사람들이 머리 이식을 희망할 것 같다. 특히 머리보다 새 몸뚱이가 더 젊다면 젊은 피가 머리로 순환되어 몸과 마음의 기능이 더 좋아질 가능성이 높다는 주장도 나온다.

사람의 머리 이식은 필연적으로 윤리 문제를 야기한다. 그러나 화이트나 카나베로는 머리 이식에 필요한 몸은 뇌사 판정을 받은 사람으로부터 기증받을 것이므로, 머리 이식에 따른 생명 윤리 문제를 심각하게 생각할 필요는 없다고 주장한다. 하지만 머리 이식으로 목 아래 신체기관, 이를테면 심장·젖가슴·팔다리·배꼽·생식기·발톱·항문 따위가 송두리째 남의 것으로 바뀐 사람을 수술받기 전의 그 사람과 똑같다고 보기는 어렵지 않겠는가.

6월 12일 미국 메릴랜드에서 개최되는 신경학 관련 학술회의에서 카나베로는 "2017년 초에 사람의 머리 이식수술에 성공할 수 있다"고 발표할 예정인 것으로 알려졌다.(2015년 3월 4일)

03

마음의
수수께끼

무소유와
소유효과

부처님오신날 자주 떠올리는 화두 하나는 무소유^{無所有}이다. 무소유는 '가진 것이 없다'는 생각으로 집착을 벗어난 삶의 모습을 나타내는 불교 용어이다. 석가모니는 불교 경전 『숫타니파타』에서 제자에게 "무소유에 의지하면서 번뇌의 흐름을 건너라"고 가르친다. 『숫타니파타』를 번역한 법정 스님(1932~2010)은 1976년 펴낸 수필집 『무소유』에서 "무소유란 아무것도 갖지 않는 것이 아니라 불필요한 것을 갖지 않는다는 뜻"이라고 풀이한다.

소유 욕망은 인간 특유의 본성일 뿐만 아니라 자기정체성 확립을 위해 필수적인 본능으로 여겨진다. 미국 심리학자 윌리엄 제임스 (1842~1910)는 1890년 펴낸 저서에서 "사람의 자아는 그가 자신의 소유라고 말할 수 있는 모든 것, 가령 몸이나 영혼뿐만 아니라 옷, 집, 아내와 자식들, 조상과 친구, 명성, 직업, 은행 예금 따위를 모두 합친 것"이라고 썼다. 이를테면 우리가 소유한 것이 우리가 누구인 가를 설명해준다는 뜻이다. 소유물을 '확장된 자아extended self'라 할 만도 하다.

우리는 물건이건 사회적 지위이건 일단 무엇인가를 소유하고 나면 그것을 갖고 있지 않을 때보다 훨씬 높게 평가하는 성향이 있다. 1980년 미국 행동경제학자 리처드 탈러는 사람들이 자신의 소유물을 과대평가하는 현상을 소유효과endowment effect라고 명명했다. 탈러는 한 병에 5달러 주고 구매한 포도주가 50달러가 되었음에도 팔려고 하지 않는 심리 상태를 소유효과의 예로 들었다. 소유효과는 한마디로 '내 것이면 무조건 최고'라는 뜻이다.

소유효과의 존재는 1984년 실험을 통해 처음으로 확인되었다. 실험 참가자를 3개 집단으로 나누었다. 첫 번째 집단에는 커피 머그 (원통형 찻잔)를 주고 초콜릿과 교환하게 했다. 두 번째 집단에는 첫번째 집단과 거꾸로 초콜릿을 주면서 머그와 교환할 기회를 부여했다. 세 번째 집단은 머그와 초콜릿 중에서 자신이 선호하는 것을 고르도록 했다.

실험 결과 첫 번째 집단의 89%는 머그를 초콜릿과 교환하지 않았다. 두 번째 집단에서는 90%가 초콜릿을 머그와 바꾸지 않았다.

초콜릿보다 머그를 선택한 비율은 10%인 셈이다. 두 집단에서 머그를 선호하는 비율이 각각 89%와 10%로 큰 격차를 나타낸 것은 소유효과가 강력하게 작용한 결과라고 볼 수 있다.

세 번째 집단은 거의 50% 비율로 머그와 초콜릿을 선택하여 소유효과가 없는 상태에서는 물건에 대한 평가에 치우침이 나타나지 않음을 보여주었다.

한편 소유효과는 아끼는 물건에 대한 집착에서 비롯되는 것이 결코 아니며 단지 자신의 소유물을 남에게 넘기는 것을 손실로 여기는 심리 상태 때문에 발생하는 것으로 밝혀졌다. 사람들이 손해를 보지 않으려는 쪽으로 결정하는 성향을 손실회피loss aversion라고 한다. 한마디로 손실회피는 '밑지는 건 참을 수 없다'는 뜻이다.

손실회피는 이스라엘 출신 심리학자 대니얼 카너먼이 1979년 행동경제학을 창시한 논문에 처음 등장한 개념이다. 2008년 미국 스탠퍼드대 심리학자 브라이언 넛슨은 국제 학술지『뉴런Neuron』6월 12일자에 발표한 논문에서 뇌 안에 손실을 회피하려는 부위가 존재하여 소유효과가 나타나는 것이라고 설명했다. 넛슨은 24명의 남녀 뇌에서 전두엽에 자리 잡은 측위신경핵nucleus accumbens을 기능성 자기공명영상fMRI 장치로 들여다보는 실험을 실시하여 손실에 대한 두려움이 소유효과의 핵심 요인임을 밝혀낸 것이다.

소유효과는 문화권에 따라 다르게 나타나는 것으로 알려졌다. 2010년 프랑스 심리학자 윌리엄 매덕스는『심리과학Psychological Science』12월호에 실린 논문에서 동아시아 대학생들이 서구 젊은이들만큼 소유효과가 강력하게 발생하지 않는 것으로 확인된 실험 결과를 발표했다.

개인주의 성향이 강한 서구 문화권에서는 소유물을 확장된 자아로 여기기 때문에 집단 귀속감이 강한 아시아 문화 쪽보다 더 강하게 소유효과가 나타나는 것으로 분석된다.(2016년 5월 14일)

열린 마음이 창의성 키운다

작곡가 윤이상(1917~1995)과 비디오아티스트 백남준(1932~2006)은 객지에서 떠돌이 생활을 하는 팔자를 타고났다. 두 사람은 일본 유학을 거쳐 독일에 머물면서 세계적 명성을 떨쳤다.

해외에 장기 체류하며 성공을 거둔 예술가는 한둘이 아니다.

아일랜드 출신으로 노벨문학상을 받은 윌리엄 예이츠(1923), 버나드 쇼(1925), 사뮈엘 베케트(1969), 셰이머스 히니(1995)는 모두 거의 타국에서 살다시피 했다.

『노인과 바다』 등 많은 걸작을 남겨 1954년 노벨상을 받은 어니스트 헤밍웨이는 미국에서 태어났지만 유럽에 머물면서 스페인과 이탈리아의 전투에도 참가했다. 화가 중에서는 프랑스의 폴 고갱이 타히티 섬에서, 스페인의 파블로 피카소가 프랑스에 오래 머물렀다. 작곡가로는 러시아 태생의 이고리 스트라빈스키가 스위스와 프랑스를 거쳐 미국으로, 오스트리아의 아널드 쇤베르크가 미국으로 거처를 옮겼다.

이런 사례는 역마살을 타고난 예술가의 타향살이가 작품의 독창성과 관련이 있을지 모른다는 추측을 낳게 만들었다. 그런데 심리학자들이 누구나 해외에 체류하면서 새롭고 특별한 경험을 하게 되면 창의력이 높아진다는 연구 결과를 잇달아 발표했다.

2009년 프랑스의 윌리엄 매덕스와 미국의 애덤 갈린스키는 『인성과 사회심리학 저널 *Journal of Personality and Social Psychology*』 5월호에 실린 논문에서 미국 대학생 150명과 미국 유학생 55명 등 205명을 대상으로 실험한 결과 유학생이 훨씬 창의성이 뛰어난 것으로 나타났다고 보고했다.

이들에게 양초 한 자루, 성냥개비 몇 개, 압정이 든 상자를 주고 양초가 탈 때 촛농이 바닥에 떨어지지 않게끔 양초를 마분지 벽에 붙이도록 했다. 양초를 압정 상자 위에 올려놓고 압정으로 그 상자를 벽에 고정시키면 된다. 이 해답을 내놓은 비율은 미국에 오래 머문 유학생이 60%인 반면, 해외에 살아본 경험이 없는 학생은 42%에 불과했다.

이 논문은 해외 생활 경험이 창의성을 향상시키는 이유를 세 가지로 분석했다. 첫째, 외국에 살면 고향에서 접해보지 못한 수많은 새로운 생각과 개념을 대하게 되므로 창의적 사고를 하지 않을 수 없다. 둘째, 해외에 오래 머물면 여러 각도에서 문제에 접근하게 된다. 예컨대 중국에서는 음식을 접시에 남기는 것이 식사 대접에 대한 감사의 표시로 여겨지지만, 미국에서 그런 행동은 음식 맛에 만족하지 못했다는 모욕의 뜻으로 받아들여진다. 해외에 머물지 않으면 이런 문화의 차이를 피부로 느낄 기회가 많지 않기 때문에 해외 생활이 창의적 사고에 큰 도움을 준다고 볼 수 있다. 셋째, 국내에 있을 때보다 해외에 나가 있으면 새로운 생각을 좀 더 쉽게 받아들일 수 있는 심리 상태가 되므로 창의성이 계발될 기회가 많아질 수밖에 없다.

해외여행을 즐기는 사람은 성격이 남다른 측면이 있다. 심리학자들에 따르면 사람의 성격은 다섯 가지 측면으로 구분된다. 성격 차이를 부여하는 5대 특성은 △지적 개방성openness to experience, △성실성 conscientiousness, △외향성extroversion, △친화성agreeableness, △정서 안정성 neuroticism이다. 다시 말해 성격은 △새로운 생각에 개방적인가. 무관심한가, △원칙을 준수하는가. 제멋대로인가, △사교적인가. 내성적인가, △우호적인가. 적대적인가, △신경이 과민한가. 안정적인가, 하는 기준 사이에 다양하게 분포되어 있다. 이 중에서 지적 개방성이 해외여행을 좋아하는 사람들에게 두드러지게 나타나는 특성인 것으로 밝혀졌다.

미국 펜실베이니아대 심리학자 스콧 코프먼은 2015년 12월 펴낸 저서 『창의성의 수수께끼Wired to Create』에서 지적 개방성이 예술과 과학 분야에서 창의적 업적 달성에 요구되는 단 하나의 결정적인 성격 특성이라고 주장했다. 지적 개방성이 탁월한 사람은 새로운 경험에 즐겨 도전하고 낯선 환경을 두려워하지 않기 때문에 남과 다르게 생각하기 마련이다.

외국에서 공부하는 자식에게 송금하느라 허리가 휘는 부모들에게 이런 연구 결과가 작은 위안이라도 되면 좋으련만.(2016년 7월 9일)

올림픽 영웅은 어떻게 탄생하는가

오늘 개막한 리우데자네이루올림픽에서 가장 눈길을 끄는 선수로는 세계 수영 역사에 전설적 기록을 남긴 마이클 펠프스가 손꼽힌다. 미국 수영 대표 선발전 사상 최고령 우승(31세) 기록을 세운 펠프스는 2000년 만 15세에 시드니올림픽에 출전한 이후 미국 남자 수영선수로는 처음으로 5회 연속 올림픽에 나서는 기록을 만들었다.

2004년 아테네에서 금메달 6개와 동메달 2개를 따낸 펠프스는 2008년 베이징올림픽에서 금메달 8개를 쓸어담았다. 이는 단일 올림픽 최다 금메달 획득 기록이다. 그는 올림픽에서 모두 22개 메달을 따내 역대 올림픽 최다 메달 보유 기록도 세웠다. 리우올림픽에서 또 어떤 신기록을 작성할지 궁금하지 않을 수 없다.

펠프스가 이처럼 초인적인 성과를 거둘 수 있었던 것은 물론 그의 신체 조건이 수영 선수로는 가장 이상적이기 때문이라고 할 수 있다. 그러나 스포츠심리학자들은 뛰어난 선수가 되려면 타고난 신체 조건만으로는 불충분하다는 연구 결과를 내놓고 있다.

『격월간 사이언티픽 아메리칸 마인드』7·8월호 올림픽 특집에 따르면 슈퍼엘리트superelite 선수는 엘리트 선수와 정신적 측면에서 현격한 차이가 난다. 세계 최고의 선수들은 슈퍼엘리트, 올림픽이나 세계대회에 국가대표로 출전하지만 메달을 따내지 못하는 선수들은 엘리트라고 구분한다. 슈퍼엘리트 선수는 엘리트 선수보다 훈련과정, 정신적 자세, 마음의 상처trauma를 이겨낸 경험 등 세 가지 측면에서 앞서 있기 때문에 항상 메달을 획득하는 것으로 나타났다.

첫째, 슈퍼엘리트 선수는 훌륭한 스승 아래서 오랜 시간 피땀 흘려 기량을 갈고닦았다. 미국 플로리다주립대 심리학자 앤더스 에릭슨은 4월 초 펴낸 저서『최고봉Peak』에서 슈퍼엘리트가 모두 지독한 연습벌레라고 주장했다. 체스 챔피언, 음악의 거장, 세계적 운동선수가 정상에 오른 과정을 분석한 이 책의 부제는 '전문기술expertise에 대한 새 과학이 밝혀낸 비밀'이다. 에릭슨은 슈퍼엘리트가 최고봉이 된 것은 '계획적 연습deliberate practice'을 했기 때문이라고 주장한다. 그가 만든 용어인 계획적 연습은 △목표 설정, △핵심기술의 반복훈련, △마음속으로 연습하는 과정 등을 되풀이하는 훈련방법이다.

둘째, 슈퍼엘리트는 엘리트보다 훈련에 임하는 정신적 자세가 진지하고 절실하다. 세계적 선수들은 '플로flow'라 불리는 경험을 더 많이 한 것으로 나타났다. 1975년 미국 심리학자 미하이 칙센트미하이가 제안한 개념인 플로(몰입)는 어떤 일에 집중하여 완전히 몰두했을 때의 의식 상태를 의미한다. 마음이 몰입 상태가 되면 물 흐르는 것처럼 자연스럽고 편안한 느낌을 갖게 된다는 뜻에서 플로라고 한다. 또한 세계적 슈퍼엘리트는 '실현하기making it happen'라고 불리는 마음 상태를 더 자주 경험하는 것으로 밝혀졌다. '실현하기' 상태는 정신을 집중해서 훈련을 강화할 때 성취감을 느끼게 되는 마음이다. 슈퍼엘리트는 최상의 기록을 수립할 즈음에 마음이 몰입 또는 실현하기 상태가 되는 것으로 확인되었다.

셋째, 슈퍼엘리트 중에는 어린 시절 받은 마음의 상처를 잘 이겨낸 선수가 적지 않다. 엘리트 스포츠를 육성하는 영국 정부기관에서 스포츠심리학자 팀 우드먼에게 슈퍼엘리트와 엘리트의 차이점을 밝혀달라는 요청을 했다.

우드먼은 영국 선수 32명을 연구 대상으로 골랐다. 16명은 국제대회에서 금메달을 한 개 이상 딴 슈퍼엘리트, 나머지 16명은 메달을 하나도 따보지 못한 엘리트 선수였다.

우드먼은 선수는 물론 감독과 부모에게 성장 과정에 관해 질문하고 무려 8,400쪽이 넘는 자료를 작성했다. 자료 분석 결과 놀랍게도 모든 슈퍼엘리트가 어린 시절 부모의 이혼이나 죽음 또는 질병 따위로 정신적 고통을 받았지만 곧바로 스포츠에 몰두하면서 이런 정신적 외상을 치유한 것으로 밝혀졌다.

펠프스 역시 주의력결핍장애ADHD에 시달렸다. 물을 무서워한 그가 7세 때 어머니 손을 잡고 수영을 시작한 것도 ADHD를 치료하기 위해서였다.(2016년 8월 6일)

당선되려면
유권자 정서 자극하라

4·13총선 입후보자들이 유권자의 환심을 사려면 어떤 전략을 구사해야 할까. 뇌를 연구하는 학자들은 유권자의 이성보다 감정에 호소하는 선거 전략을 짜야 한다고 제안한다.

미국 에모리대 심리학자 드루 웨스턴은 2004년 미국 대통령 선거 기간에 공화당과 민주당의 핵심 당원 뇌를 기능성자기공명영상 fMRI 장치로 들여다보면서 상대당 후보의 연설을 평가해달라고 주문했다.

결과는 예상대로 나왔다. 상대당 후보를 일방적으로 혹평한 것으로 확인되었다. 모두 무의식적으로 확증편향confirmation bias에 사로잡혀 있음이 분명했다.

확증편향은 자신이 가진 믿음을 확증하는 정보만을 찾아서 받아들이려는 성향을 의미한다. 한마디로 확증편향은 '믿고 싶은 것만 믿는다'는 뜻이다.

웨스턴은 뇌 영상 자료를 보면서 확증편향이 발생했을 때 전두엽에서 이성과 관련된 영역은 침묵을 지킨 반면 감정을 처리하는 영역은 활동이 눈에 띄게 증가했음을 확인했다. 침묵을 지킨 부위는 배외측전전두피질DLPFC: dorsolateral prefrontal cortex 이다. 이 부위는 우리가 사고와 판단을 할 때 반드시 활성화된다. 활동이 증가된 부위는 복내측전전두피질VMPFC·ventromedial PFC 이다. 이 부위는 공감·동정·죄책

감 같은 사회적 정서 반응과 관련된다. 웨스턴은 미국 유권자의 정치 성향이 무의식적인 확증편향에서 비롯되며, 확증편향은 정서의 지배를 받는다는 사실을 밝혀내고 2006년 미국 심리학회 총회에서 연구결과를 발표했다.

웨스턴은 2007년 6월 이성보다 감정이 정치에 미치는 영향이 더 강력하다는 주장이 담긴 저서 『정치적 뇌*The Political Brain*』를 출간했다. 그는 머리말에서 "정치적 뇌는 감정적이다. 결코 냉정하게 계산하거나 합리적 결정을 내리겠다며 정확한 사실이나 숫자, 정책을 객관적으로 찾아가는 기계가 아니다"고 전제한 뒤, "유권자들이 합리적으로 어떤 결론에 이르리라는 선거 전략을 짜면 백전백패한다"고 주장했다.

한편 인지언어학의 창시자로 자리매김된 미국의 조지 레이코프는 자신의 언어 이론을 정치학에 적용하면서 미국 민주당의 정치적 좌절에 대해 애정 어린 충고를 아끼지 않고 있다. 1996년 인지과학을 정치학에 접목한 최초의 저서로 평가되는 『도덕, 정치를 말하다*Moral Politics*』를 펴냈다. 레이코프는 부제가 '자유주의자는 모르지만 보수주의자는 알고 있는 것'인 이 책에서 정치적 쟁점을 대중의 가슴에 와닿는 쉬운 용어로 프레임(틀)을 짜서 접근하는 쪽이 유권자 표심을 사로잡을 수 있다고 주장했다.

2004년 9월에는 민주당에서 거의 마오쩌둥(1893~1976) 어록에 비견될 만큼 널리 읽혔다는 『코끼리는 생각하지 마*Don't Think of An Elephant*』를 출간했다. 이 책에서 레이코프는 "프레임이란 우리가 세상을 바라보는 방식을 형성하는 정신적 구조물이다. 정치에서 프레임은 사회 정책과 그 정책을 수행하고자 수립하는 제도를 형성한다"고 설파했다. 2004년 대선에서 민주당은 패배했다. 공화당이 프레임을 구성하여 유권자를 설득하는 솜씨가 민주당을 능가했기 때문이다. 레이코프의 표현을 빌리면 "보수주의자들은 사람 뇌와 마음의 관계를 숙지한 신경과학 전문가들이었으므로 백악관을 차지하게 된 것"이다.

2008년 5월 레이코프는 『정치적 마음*The Political Mind*』을 펴냈다. 부제는 '왜 당신은 18세기 뇌로 21세기 미국 정치를 이해할 수 없는가'이다. 18세기 계몽주의는 인간을 이성적인 존재라고 가정하고, 이성은 감정과 정반대라고 여긴다. 그러나 레이코프는 "우리가 모든 행동에서 합리적인 행위자인 것은 아니다"고 주장하고, 특히 감정이입empathy, 곧 다른 사람의 입장이 되어 그 사람의 눈으로 세상을 바라보는 능력이 미국 민주주의의 핵심이라고 강조한다.

감정이입 능력을 2008년 대선에서 버락 오바마가 승리한 요인의 하나라고 여기는 레이코프는, 정치적 마음이란 감정적인 것이므로 진보진영이 선거에서 이기려면 유전자의 이성보다 정서를 자극할 것을 주문한다.(2016년 4월 2일)

정치성향은 어느 만큼 타고날까

지역감정이 선거에 미치는 영향이 엄청나기 때문에 유권자의 정치적 성향이 성장 환경에 의해 형성된다고 여기기 쉽다. 그러나 보수 또는 진보, 우파 또는 좌파가 되는 것은 대체로 태어날 때부터 결정되어 있다는 연구 결과가 잇따라 발표되고 있다.

2003년 미국 뉴욕대 심리학자 존 조스트는 『미국 심리학자*American Psychologist*』에 성격과 정치 성향의 상호관계를 밝힌 논문을 게재했다. 조스트는 12개국 2만여 명을 대상으로 실시된 88개 연구를 분석하고, 성격이 정치적 신조에 미치는 영향을 확인했다. 심리학에서 성격을 구분하는 5대 특성인 개방성·성실성·외향성·친화성·정서 안정성 중에서 특히 앞의 세 가지 특성은 정치 성향과 깊은 관계가 있는 것으로 밝혀졌다. 이를테면 개방적 성격의 소유자는 그렇지 않은 사람보다 자유주의자가 될 확률이 두 배 정도 높게 나타났다.

2005년 미국 라이스대 정치학자 존 앨퍼드는 『계간 미국정치학평론*APSR*』 5월호에 정치 성향이 유전에 의해 결정된다는 논문을 기고했다. 앨퍼드는 행동유전학에서 20년간 발표된 쌍둥이 연구*twin study* 자료를 분석했다.

쌍둥이 연구는 유전자 전부를 공유한 일란성 쌍둥이와 유전자 절반을 공유한 이란성 쌍둥이를 대상으로 유전자가 특정 형질에 미치는 영향을 분석하는 기법이다. 한마디로 쌍둥이 연구는 유전과 행동 사이에 존재하는 연결고리를 탐색한다.

앨퍼드는 3만 명의 쌍둥이에게 정치적 견해를 질문한 자료를 분석해서 일란성 쌍둥이가 이란성 쌍둥이보다 똑같은 답변을 더 자주 한다는 사실을 밝혀냈다. 이는 유전자가 정치적 답변에 영향을 미치는 증거로 받아들여졌다.

2007년 8월 캘리포니아대 정치학자 제임스 파울러는 미국정치학회 모임에서 선거일에 투표할지를 결정하는 것은 몇몇 유전자와 관련이 있다는 연구결과를 보고했다. 파울러는 일란성 쌍둥이 326쌍과 이란성 쌍둥이 196쌍의 투표 기록을 분석하고, 유전적 요인이 투표 행위에 미치는 영향은 60%, 환경적 요인은 40%임을 확인했다.

또한 파울러는 투표 행위에 관련된 유전자를 2개 찾아냈다. 이 유전자들은 뇌 안의 신경전달물질인 세로토닌의 분비를 조절하는 데 간여한다. 세로토닌은 신뢰와 사회적 상호작용에 관련된 뇌 부위에 영향을 미친다. 이 유전자를 보유한 사람은 세로토닌을 잘 조절할 수 있기 때문에 더 사교적으로 된다. 이런 사람들은 선거일에 집에서 빈둥거리지 않고 투표장에 나갈 가능성이 여느 유권자보다 1.3배 높은 것으로 나타났다.

2007년 9월 뉴욕대 심리학자 데이비드 아모디오는『네이처 신경과학*Nature Neuroscience*』에 게재된 논문에서 사람마다 정치성향이 다른 까닭은 뇌 안에서 정보가 처리되는 방식이 근본적으로 다르기 때문이라고 주장했다. 아모디오는 43명에게 보수주의자인지 자유주의자인지 정치적 입장에 대해 질문하고 두개골에 삽입된 전극으로 전두대상피질anterior cingulate cortex의 활동을 측정했다. 전두대상피질은 의견이나 이해관계의 충돌을 해결하는 기능을 가진 부위이다. 자유주의자 뇌에서 이 부위가 보수주의자보다 2.5배 더 활성화하는 것으로 나타났다. 진보 성향 사람들이 보수 쪽보다 변화의 요구에 민감하기 때문에 그런 반응이 나타나는 것으로 분석된다.

2014년 호주 시드니대 유전학자 피터 하테미는『격월간 행동유전학Behavior Genetics』5월호에 부모로부터 정치 성향을 물려받는다는 논문을 발표했다. 미국을 포함한 5개국 쌍둥이 1만 2,000쌍을 대상으로 실시한 연구에서 정치적 신념의 60%는 환경, 40%는 유전에 의해 형성되는 것으로 나타났다.

2015년 싱가포르대 유전학자 리처드 엡슈타인은『격주간 영국학술원회보Proceedings of Royal Society』8월 22일자에 정치 성향에 관련된 유전자를 몇 개 발견했다는 논문을 게재했다.

이처럼 우파 또는 좌파가 되는 것이 어느 정도 타고난 운명이라면, 선거 때마다 그토록 많은 사람이 지역감정의 포로가 되는 까닭이 궁금할 수밖에 없다.(2016년 6월 25일)

성공한 대통령의 사이코패스 성향

11월 8일 미국 대통령 선거에서 사이코패스psychopath 성향이 강한 후보가 당선될 것이라는 주장이 제기되었다. 영국 옥스퍼드대 심리학자 케빈 더튼은『격월간 사이언티픽 아메리칸 마인드』9·10월호에 실린 글에서 도널드 트럼프 공화당 후보나 힐러리 클린턴 민주당 후보 모두 사이코패스의 특성을 상당히 많이 지니고 있다고 주장했다. 더튼은 2012년 10월『사이코패스의 지혜*The Wisdom of Psychopaths*』를 펴낸 독보적인 사이코패스 전문가이다.

사이코패스는 연쇄살인이나 연쇄 성폭행처럼 끔찍한 범죄를 눈하나 깜박하지 않고 저지르는 흉악범 중에 많이 섞여 있다. 1970년대에 미국을 공포의 도가니로 몰아넣은 테드 번디나 존 웨인 게이시가 전형적인 사이코패스이다. 번디는 젊은 여성 30명을 곤봉으로 때리고 능욕해서 죽였다고 자백했으나 실제 희생자는 100명이 넘을 것으로 추정되었다. 게이시는 10대 여성 위주로 33명을 살해하고 27명은 집 마루 밑에 파묻었다.

사이코패스는 1941년 미국 정신병 의사 허비 클렉클리(1903~1984)가 처음으로 체계적인 분석을 시도했다. 사이코패스의 성향을 판별하는 방법은 1970년대에 캐나다 심리학자 로버트 헤어가 창안한 PCL^Psychopathy Checklist 이 널리 활용된다.

사이코패스는 대부분 외모가 호감이 가고 첫인상이 좋기 때문에 지극히 정상적인 사람으로 보이지만, 적어도 두 가지 측면에서 보통 사람과 다르다.

첫째, 사이코패스는 반사회적 인격장애를 갖고 있다. 자기중심적이며 거짓말을 잘하고 속임수를 잘 쓰며 무책임한 행동을 일삼는다. 잘못을 저질러놓고 버릇처럼 핑계를 대거나 세상 탓으로 돌린다. 사람을 대할 때 건방지게 굴며 남을 괴롭히면서 쾌감을 느낀다. 범법 행위를 저지르고 참회는커녕 양심의 가책으로 괴로워하지도 않는다.

둘째, 사이코패스는 정서적으로 결함이 많다. 무엇보다 감정이입 능력이 없기 때문에 남을 배려하는 감정이 크게 결핍되어 냉혹하고 잔인하기 짝이 없다. 충동을 억누르지 못해 난잡한 성생활을 즐기고 보통 사람보다 더 빨리, 더 자주, 더 극렬하게 공격적인 반응을 나타낸다. 특히 공포에 대한 감정이 무뎌서 참혹한 연쇄 살인도 서슴지 않는다.

사이코패스는 미국의 경우 전체 인구의 1% 정도로 추산된다. 물론 그들은 대부분 교도소에 갇혀 있지만 상당수의 사이코패스가 날마다 우리 주변에서 활동하고 있는 것도 엄연한 사실이다. 지금도 당신은 사이코패스와 만나고 있는지 모른다. 정치·법조·기업·언론·종교·예술 분야에서 성공한 명사 중에 사이코패스 성향이 농후한 인물이 섞여 있을지 누가 알랴.

2012년 미국 에모리대 심리학자 스콧 릴리엔펠드는 『인성과 사회심리학 저널^{JPSP}』 9월호에 사이코패스 성향이 미국 대통령의 리더십에 미치는 영향을 연구한 논문을 발표했다. 릴리엔펠드는 그가 개발한 방법으로 미국 역대 대통령의 직무 수행 능력과 사이코패스 8개 성향의 상관관계를 분석했다.

사이코패스 성향은 '두려움을 모르는 지배$^{Fearless\ Dominance}$', '자기중심적 충동Self-Centered Impulsivity', '냉담Coldheartedness' 등 세 종류로 구분된다. '두려움을 모르는 지배'는 사회적 영향social influence, 대담성fearlessness, 스트레스 면역stress immunity 등 세 가지 성향으로, '자기중심적 충동'은 권모술수를 일삼는 자기중심 성향Machiavellian egocentricity, 일반사회 규범 거부rebellious nonconformity, 외부로 탓 돌리기blame externalization, 미래에 대한 무모한 대비carefree nonplanfulness 등 네 가지 성향으로 나뉜다.

릴리엔펠드는 성공한 미국 대통령일수록 '두려움을 모르는 지배' 성향이 강하고 '자기중심적 충동' 성향이 약하게 나타났다고 보고했다.

더튼은 "트럼프와 힐러리 모두 '두려움을 모르는 지배' 성향이 아주 강하다"고 주장하며, "냉혹한 살인자와 성공한 대통령은 사이코패스 성향이 종이 한 장 차이"라고 덧붙였다. 2017년 12월 대선을 향해 뛰는 잠룡들의 사이코패스 성향을 분석해보면 어떨는지.(2016년 10월 15일)

노스탤지어가 사회생활을 도와준다

설날을 맞아 민족 대이동이 시작된다. 고향으로 떠나는 사람들도 많지만 객지에서 설 연휴를 보내면서 향수에 젖어 어깨가 축 처진 시골 출신도 적지 않다.

향수, 곧 노스탤지어^{nostalgia}는 그리스어로 '돌아감'과 '아픔'을 뜻하는 단어가 합쳐진 것으로 특정 장소나 시간으로 되돌아가고 싶은 욕망으로부터 비롯되는 고통을 의미한다.

이 용어는 1688년 스위스 의사 요하네스 호퍼(1669~1752)가 만들었다. 프랑스와 이탈리아에서 용병으로 근무하던 스위스 청년들은 고향이 그리워 소리 내어 울거나 고열·불면증·불안감·복통·식욕 감퇴 따위의 증상을 호소했다. 스위스 용병이 고향과 가족을 떠올리며 고통 받는 모습을 표현하기 위해 노스탤지어라는 단어가 만들어진 것이다. 이를테면 향수는 처음부터 일종의 정신질환으로 간주된 셈이다. 19세기에는 정신분석학에서 우울증의 병적인 형태라고 규정하기도 했다.

20세기 중반까지도 과거를 감성적으로 동경하는 노스탤지어는 부정적 감정으로 여겨졌다. 학자들 사이에서 노스탤지어를 긍정적으로 이해하기 시작한 시기는 1979년이다. 미국 사회학자 프레드 데이비스가 그해에 펴낸 『옛날을 동경하며$^{Yearning\ for\ Yesterday}$』에서 사람들이 노스탤지어를 '좋았던 시절'이나 '따뜻한 고향' 같은 긍정적 단어와 연결시킨다는 주장을 했기 때문이다.

하지만 과학자들이 노스탤지어 감정의 연구에 착수한 것은 얼마 되지 않았다. 2006년 영국·네덜란드·미국의 사회심리학자로 구성된 연구진은 노스탤지어 기억을 처음으로 과학적으로 분석하는 실험을 했다. 네덜란드의 팀 빌드슈트가 주도한 이 실험에는 노스탤지어 연구의 중심인 영국 사우샘프턴대 전문가들이 참여했다. 연구

결과 영국 대학생의 79%가 일주일에 적어도 한 번 노스탤지어 감정을 느끼는 것으로 나타났으며, 노스탤지어 기억은 대부분 즐거운 내용으로 회상되는 것으로 밝혀졌다. 2006년『인성과 사회심리학 저널*Journal of Personality and Social Psychology*』11월호에 발표된 논문에서 노스탤지어는 본질적으로 긍정적 감정이라는 결론을 내렸다.

2006년 사우샘프턴대 사회심리학자들은 노스탤지어가 사회적 소속감에 미치는 영향을 분석하는 실험을 했다. 인간관계를 형성하는 능력, 자신의 감정을 타인과 공유하는 개방성, 친구를 정서적으로 지원하는 태도 등을 평가한 결과 노스탤지어 감정이 풍부한 사람일수록 이런 사회적 능력에서 높은 점수를 받은 것으로 나타났다. 노스탤지어가 사회적 접착제 기능을 가진 것으로 밝혀진 셈이다. 이런 기능이 서구 문화뿐만 아니라 동양 사회에서도 보편적 현상인지 확인하기 위하여 중국 심리학자들과 합동 연구를 했다. 실험결과 중국에서도 노스탤지어가 사회적 결속에 긍정적으로 작용하는 것으로 나타났다. 2008년『심리과학*Psychological Science*』10월호에 실린 논문에서 과거를 그리워하는 마음은 문화적 배경에 관계없이 사회적 소속감을 증대시키는 역할을 한다고 주장했다.

2010년 사우샘프턴대 사회심리학자 콘스탄틴 세디키드스는 격월간『사이언티픽 아메리칸 마인드』7·8월호에 기고한 글에서 "마음을 어두운 생각으로부터 지켜주는 갑옷처럼, 노스탤지어는 심리적 고통으로부터 보호해준다"면서 "노스탤지어가 어떻게 상처 난 영혼에 위안을 주는지 우리가 알게 될수록 그만큼 노스탤지어를 병리적 약점으로 보는 견해는 사라지게 될 것"이라고 주장했다. 요컨대 노스탤지어가 사람의 기분을 호전시키고 정서적 안정을 증진시키는 긍정적 효과가 있다는 뜻이다. 2012년 세디키즈와 빌드슈트는 노스탤지어가 자존심을 끌어올리고 삶의 의미를 긍정적으로 해석하게끔 작용한다는 연구결과도 발표했다.

옛날을 회고하거나 고향을 그리워하는 것이 부질없는 시간 낭비가 아니라 개인의 심리적 건강 상태에 도움이 되고 사회생활에도 보탬이 된다는 연구 결과는 여간 반가운 게 아니다.

정지용(1902~1950)의 「향수」를 읊조리는 그대에게 행운이 늘 함께할지니.(2016년 2월 6일)

게임의 두 얼굴

비디오 게임의 폭력성이 유소년에 미치는 영향을 놓고 갑론을박이 끊이지 않고 있다. 미국의 경우 12~17세 학생들의 97%가 비디오 게임을 할 정도여서 폭력적 비디오 게임에 대해 학부모들이 민감할 수밖에 없는 실정이다.

비디오 게임에서 총을 쏘거나 격투를 벌인 행동을 흉내 내서 실제로 공격적 성향을 나타내는 아이들이 적지 않다는 연구결과가 잇달아 발표되었다. 폭력적 게임에 노출되면 감정이입 능력이 떨어지므로 공격 성향이 억제되지 않는 것으로 밝혀졌다.

2015년 『계간 정신의학 *Psychiatric Quarterly*』 4월호는 13만 명 이상 참여한 130개 국제 연구 조사를 분석한 결과 "폭력적 게임이 공격적 생각과 분노하는 감정을 증가시키고 감정이입 능력과 친사회적 행동을 감소시킨다"는 논문을 게재했다.

2015년 『대중매체문화의 심리학 *Psychology of Popular Media Culture*』 7월호에 미국 소아과 의사의 90%, 학부모의 67%가 폭력적 비디오 게임이 어린이의 공격적 행동을 증가시킬 수 있다는 데 강력히 동의한 것으로 나타난 연구 결과가 실렸다. 미국 학교에서 빈발하는 총기 난사 사건의 범인들이 대부분 비디오 게임을 즐긴 것으로 밝혀져 폭력적 비디오 게임이 청소년의 공격 성향을 부추긴다는 주장에 힘이 실렸다.

그러나 비디오 게임의 폭력성과 청소년의 공격 성향은 관련이 없다는 연구 결과도 지속적으로 발표되는 추세이다. 2004년 7월 미국 비밀경호국 USSS 이 발행한 보고서에 따르면 1974년부터 2000년 사이에 발생한 학교 폭력을 분석한 결과 가해자의 88%가 폭력적 영화나 출판물에 관심을 가진 반면 폭력적 비디오 게임을 즐긴 학생은 12%에 불과한 것으로 나타났다. 이 보고서는 "폭력적 비디오 게임과 학교 총기 난사 사건 사이에 아무런 상관관계도 찾아내지 못했다"는 결론을 내렸다.

2011년 『인간행동과 컴퓨터 *Computers in Human Behavior*』 3월호에 액션게임 action game 의 폭력에 노출된 청소년이 오히려 친사회적 행동을 더 많이 보여준다는 연구논문이 실리기도 했다. 액션게임은 일정한 스토리 전개에 따라 실시간으로 캐릭터의 행동을 직접 조작하는 게임이다.

2014년 『사이버심리학, 행동, 사회적 네트워킹Cyber psychology, Behavior and Social Networking』 7월호에도 폭력적 비디오 게임이 청소년의 친사회적 행동에 긍정적 영향을 미칠 수 있다는 연구결과가 실렸다. 폭력적 게임을 하면 죄의식을 느낄 수밖에 없기 때문에 실생활에서는 보상심리로 사회 참여의식이 발현된다고 설명했다.

비디오 게임의 폭력성에 대한 논쟁이 평행선을 달리고 있는 상황에서 미국심리학회APA가 중재안처럼 여겨지는 보고서를 내놓았다. 2015년 8월 발표된 이 보고서는 "공격적 행동을 증가시키고 친사회적 행동이나 감정이입 능력을 감소시키는 요인은 한둘이 아니지만, 폭력적 비디오 게임도 그런 요인의 하나"라는 결론을 내렸다. 이를 테면 폭력적 비디오 게임을 하는 청소년은 공격 성향을 갖게 되기 쉽긴 하지만, 청소년의 공격 성향을 오로지 비디오 게임 탓만으로 돌릴 수는 없다는 뜻이다.

이런 상황에서 『사이언티픽 아메리칸』 7월호에 폭력적 비디오 게임이 오히려 인지 능력 향상에 도움이 된다는 글이 커버스토리로 실려 논쟁에 다시 불을 붙였다.

액션게임을 하는 사람의 뇌를 15년간 연구한 두 명의 심리학자가 기고한 이 글의 제목은 「비디오 게임의 뇌 향상 능력The Brain-Boosting Power of Video Game」이다. 제목에 드러나듯이 이 글은 액션게임을 하면 여러 측면에서 인지능력을 끌어올리는 것으로 밝혀졌다고 주장한다.

가령 액션게임을 규칙적으로 하면 법률문서나 처방전의 자잘한 글자를 읽는 시각 능력이 좋아진다. 급속히 전개되는 사건에 반응하는 속도도 빨라진다. 비디오 게임은 직장에서 중압감을 극복하고 정확한 의사결정을 내리는 능력을 향상시키는 것으로 확인되었다.

비디오 게임에 탐닉하는 자녀를 둔 학부모에게 그나마 위안이 되는 연구결과가 아닌가 싶다.(2016년 9월 3일)

컨실리언스와
지적 사기

대구경북과학기술원DGIST은 6월 중순 준공된 기초학부 건물을 '컨실리언스consilience홀'이라고 명명했다. 아마도 컨실리언스가 융합convergence 연구 중심 대학임을 표방하는 데 안성맞춤인 용어라고 여긴 듯하다. 포항공대 역시 신축 중인 건물을 상징하는 키워드의 하나로 컨실리언스를 고려하고 있는 것으로 알려졌다. 컨실리언스가 우리나라 공과대학의 융합교육 방향을 제시하는 개념이 된 셈이다.

컨실리언스는 '(추론의 결과 등의) 부합, 일치'를 뜻하는 보통명사이다. 그런데 미국의 사회생물학자인 에드워드 윌슨이 1998년 펴낸 저서『컨실리언스』에서 생물학을 중심으로 모든 학문을 통합하자는 이론을 제시함에 따라, 컨실리언스는 윌슨 식의 지식 통합을 의미하는 고유명사로도 자리매김했다.

그러나 컨실리언스는 원산지인 미국에서조차 지식융합 또는 기술융합을 의미하는 용어로 사용된 사례를 찾아보기 힘들다. 가령 미국과학재단과 상무부가 2001년 12월 융합기술^{convergent technology}에 관해 최초로 작성한 정책 보고서인 「인간 활동의 향상을 위한 기술의 융합」이 좋은 보기이다. 이 역사적인 문서에 의견을 남긴 100여 명의 학계·산업계·행정부의 전문가 중에서 기술융합을 의미하는 단어로 컨실리언스를 언급한 사람은 단 한 명도 없다.

하지만 우리나라에서는 일부 공과대학 교수들과 정부출연연구기관의 과학기술자들이 컨실리언스를 기술융합과 동의어로 즐겨 사용하고 있는 실정이다.

2005년 국내에 번역 출간된 『컨실리언스』의 제목은 '통섭'이다. 번역자가 만들었다는 용어인 '통섭'에는 원효대사의 사상이 담겨 있다고 알려져 대중적인 관심을 불러일으켰다. 학식과 사회적 지명도가 꽤 높은 지식인들의 말과 글에서 '통섭'이 융합을 의미하는 개념으로 생뚱맞게 사용된 사례는 부지기수이다. 인터넷을 검색해보면 얼마나 많은 저명인사들이 현학적인 표현으로 통섭을 남용했는지 금방 확인할 수 있다.

한편 불교 사상에 조예가 깊은 시인으로 알려진 김지하가 2008년 10월 인터넷 신문의 연재 칼럼에서 통섭이 오류투성이의 개념이라고 비판했다. 김지하는 원효대사가 저술한 『대승기신론소^{大乘起信論疏}』

를 언급하면서, 월슨의 지식 통합 이론과 원효의 불교 사상은 아무런 관련성이 없다고 다음과 같이 갈파했다.

"모든 학문을 통합할 수 있다는 믿음, 물질보다 높고 큰 존재인 생명, 그보다 높고 큰 존재인 정신과 영을 더 낮은 물질의 차원으로 환원시켜 물리적 법칙으로 해명하려고 한다. 그것이 통섭이다. 그렇게 해서 한 번이나마 통섭이 되던가?"

김지하는 번역자에게 자신이 제기한 쟁점에 대해 응답해줄 것을 간곡히 당부했으나, 번역자 쪽이 침묵으로 일관하고 있는 것으로 알려졌다. 어쨌거나 여러 학자들이 컨실리언스와 통섭을 비판한 논문을 발표했지만 문제투성이의 개념이 여전히 통용되고 있다.

특히 2013년 봄부터 박근혜 정부의 제1 국정목표인 창조경제의 핵심 개념으로 융합이 제시되면서 통섭도 덩달아 융합과 같은 뜻으로 거론되는 상황이 전개되었다. 2013년 1년 내내 창조경제를 추진하는 미래창조과학부의 고위 공무원은 물론이고 대덕연구단지의 공학박사들까지 너도 나도 통섭 노래를 불러대는 진풍경이 연출되기도 했다.

대구경북과학기술원의 경우도 그런 시류에 편승한 것 아니냐는 합리적인 의심에서 자유로울 수 없는 것 같아 안타까울 따름이다. DGIST와 포항공대 관계자 여러분에게 컨실리언스와 통섭의 오류를 지적한 김지하 시인, 박준건 교수(부산대 철학과), 이남인 교수(서울

대 철학과) 등의 글이 집대성된 『통섭과 지적 사기』의 일독을 권유하고 싶다.(2014년 7월 8일)

집단지능에는 빛과 그림자가 있다

4·13총선에서 국민의당은 호남 의석을 싹쓸이하다시피 해서 제3당으로 부상했다. 이를 두고 전라도 사람들의 '집단지성'이 발현된 결과라고 분석하기도 한다.

집단지성은 영어로 'collective intelligence(집단지능)'에서 유래된 용어이다. 집단지능은 집단을 하나의 개체로 볼 때 그 집단이 갖고 있는 지적 능력을 의미한다. 집단은 사람, 동물, 컴퓨터 네트워크 등 종류가 다양하다. 집단지능의 대표적 사례는 사회적 곤충 집단의 행동이다. 개미, 흰개미, 꿀벌 따위의 사회성 곤충이 집단행동을 할 때 출현하는 집단지능을 일러 떼지능swarm intelligence 이라고 한다.

흰개미는 수만 마리씩 집단을 이루고 살면서 진흙이나 나무를 침으로 뭉쳐 집을 짓는다. 아프리카 초원의 버섯흰개미는 높이가 4미터나 되는 탑 모양 둥지를 만들 정도이다. 이 집에는 온도를 조절하는 정교한 냉난방 장치도 있다.

그러나 개개의 개미는 집을 지을 만한 지능이 없다. 그럼에도 흰개미 집단은 역할이 서로 다른 개미들의 상호작용을 통해 거대한

탑을 쌓는다. 이처럼 하위 수준(구성 요소)에 없는 지능이 상위 수준 (전체 구조)에서 자발적으로 돌연히 출현하는 것이 다름 아닌 집단지 능이다.

사막의 개미 집단은 예측 불가능한 환경에 살면서도 매일 아침 일꾼들을 갖가지 업무에 몇 마리씩 할당해야 할지 확실히 알고 있다. 숲의 꿀벌 군체도 단순하기 그지없는 개체들이 힘을 합쳐 집을 짓기에 알맞은 나무를 고를 줄 안다.

사람의 집단에 대해서는 긍정적 시각과 부정적 시각이 공존한다. 집단을 비하한 발언은 이루 헤아릴 수 없이 많다. 영국 역사학자 토머스 칼라일(1795~1881)은 "나는 개인이 모르는 것을 집단이 알 것이라고 믿지 않는다"고 했다. 독일 철학자 프리드리히 니체(1844~1900)는 "광기 어린 개인은 드물지만, 집단에는 그런 분위기가 항상 존재한다"고 단정했다.

집단을 경멸하는 시각을 대표하는 저서는 1895년 프랑스 사회학자 귀스타브 르 봉(1841~1931)이 펴낸 『대중』이다. 르 봉은 집단을 혐오했으므로 이 책에서 "집단 내에 쌓여가는 것은 재치가 아니라 어리석음이다. 집단은 높은 지능이 필요한 행동을 할 수 없으며, 소수 엘리트보다 언제나 지적으로 열등하다"고 비웃었다. 집단이 엉뚱한 의사결정을 한 사례는 한두 가지가 아니다.

1630년대에 네덜란드를 휩쓴 튤립 광풍은 역사상 가장 유명한 투기 거품의 하나이다. 1636년 튤립 알뿌리 하나를 살 돈이면 살찐 소 네 마리나 밀 24톤, 포도주 두 통, 또는 은제 컵 하나를 살 수 있었다. 그러나 1637년 거품이 꺼지자 목수 연봉보다 20배나 비쌌던 튤립 알뿌리는 쓸모없는 것이 되었다. 2008년 10월 아이슬란드에서도 이와 비슷한 폭락 사태가 벌어졌다. 금융 거품이 터지면서 아이슬란드는 세계에서 가장 번영하는 국가의 하나에서 세계적 금융 위기의 직격탄을 맞아 몰락한 첫 번째 정부가 되었다. 두 가지 사례는 집단이 의사결정을 잘못할 경우 얼마든지 파괴적인 결과를 초래할 수 있음을 유감없이 보여준다.

한편 미국 경영칼럼니스트 제임스 서로위키는 집단지능을 '대중의 지혜wisdom-of-crowds'라고 명명하고, 2004년 펴낸 같은 제목의 저서에서 군중의 어리석음과 광기를 경멸하는 견해에 도전하는 논리를 펼쳤다. 서로위키는 그의 저서에서 '대중의 지혜' 효과가 나타나는 여러 사례를 소개했다.

보통사람들이 여론조사 기관보다 선거 결과를 더 잘 예측하거나 새벽에 동네 편의점에 가서 항상 우유를 살 수 있는 까닭도 대중의 지혜가 작동하기 때문이라고 주장했다. 요컨대 전문가 말만 듣지 말고 대중에게 답을 물어보는 것이 현명하다는 결론을 내렸다.

일부 지식인들이 집단'지능'을 집단'지성'으로 번역해서 표현하는 것은 아무래도 부자연스럽다. 가령 흰개미 집단에 '지능'은 몰라도 '지성'까지 있다고 할 수야 없지 않은가. 어쨌거나 호남의 집단지능이 우리나라 정치 발전에 어떤 영향을 미치게 될지 두고 볼 일이다.(2016년 4월 30일)

혁신은 한 명의 천재보다
집단재능으로

최근 미국 경제 전문지『포브스』가 발표한 '2015년 세계 부자' 명
단에 따르면 미국 마이크로소프트MS 공동 창업자 빌 게이츠가 작년
에 이어 올해도 세계 최고 갑부로 밝혀졌다. 이건희 삼성그룹 회장
은 110위, 그 아들인 이재용 삼성전자 부회장은 서경배 아모레퍼시
픽그룹 회장과 함께 공동 185위를 기록했다. 이건희 회장이 평소에
"빌 게이츠 같은 천재 한 명이 100만 명을 먹여 살린다"고 역설할
만도 했다.

어디 빌 게이츠뿐이랴. 애플의 스티브 잡스, 구글의 세르게이 브
린, 페이스북의 마크 저커버그 같은 발명 영재들은 세계 기업 판도
를 바꿔놓았다. 이런 성공 신화 때문에 기업의 성패가 창의력이 뛰
어난 극소수 인재에 달려 있다고 여기는 경영인이 한둘이 아니다.

과연 항상 그럴까. 이런 맥락에서 세계 최고 창의적 기업으로 손
꼽히는 미국 컴퓨터 애니메이션 회사 픽사의 성공 신화는 시사하는
바가 적지 않다.

픽사 신화의 주인공은 1986년 스티브 잡스와 함께 픽사를 설립한
에드윈 캣멀이다. 그는 1995년 11월 미국에서 개봉한 세계 최초의
장편 3D 컴퓨터그래픽 애니메이션「토이 스토리」로 대박을 터뜨렸
다. 2014년 4월 펴낸『창의성 회사*Creativity, Inc.*』에서 캣멀은 30년 가까
이 픽사를 경영하면서 창의성과 혁신의 대명사가 되게끔 기업을 성

장시킨 비결을 털어놓았다.

그는 머리말에서 "어떤 분야에든 사람들이 창의성을 발휘해 탁월한 성과를 내도록 이끄는 훌륭한 리더십이 필요하다고 생각한다"고 전제하고, 픽사에 창의적인 조직 문화를 구축한 과정을 소개한다. 그는 창의성에 대한 통념부터 바로잡았다. "창의적인 사람들은 어느 날 갑자기 번뜩이는 영감으로 비전을 만드는 것이 아니라 오랜 세월 헌신하고 고생한 끝에 비전을 발견하고 실현한다. 창의성은 100미터 달리기보다는 마라톤에 가깝다."

캣멀이 픽사를 창의적 기업으로 만든 비결은 다음과 같이 요약된다.

"직원들의 창의성을 이끌어내고 싶은 경영자는 통제를 완화하고, 리스크를 받아들이고, 동료 직원들을 신뢰하고, 창의성을 발휘하여 일할 수 있는 환경을 조성하고, 직원들의 공포를 유발하는 요인에 주의를 기울여야 한다."

캣멀의 『창의성 회사』는 경영학 도서로 높은 평가를 받는다. 혁신이나 리더십을 다룬 책은 많지만 『창의성 회사』처럼 혁신과 리더십의 관계를 탐구한 저서는 찾아보기 힘들기 때문이다.

2014년 6월 리더십 분야 세계 최고 권위자로 손꼽히는 미국 하버드대 경영대학원 린다 힐 교수가 펴낸 『집단재능Collective Genius』에 의해 『창의성 회사』의 가치도 재평가되었다. 힐 교수는 혁신과 리더십의 관계를 분석하기 위해 이 책을 집필했다고 밝혔기 때문이다.

『집단재능』에서 힐은 "좋은 리더가 혁신에서도 효율적인 리더라고 여기기 쉽지만 이는 잘못일뿐더러 위험한 생각"이라고 전제하고, 혁신을 성공적으로 이루어낸 최고경영자를 인터뷰해서 그들의 리더십을 분석했다. 미국·독일·중동·인도·한국에서 영화 제작, 전자상거래, 자동차 제조업 등에 종사하는 기업 총수 12명의 리더십이 소개된 이 책에는, 하버드대 경영대학원 출신인 성주그룹 김성주 회장(대한적십자사 총재)도 포함되었다.

힐은 『집단재능』에서 "기업의 혁신적 제품은 거의 모두 한두 명의 머리에서 나온 것이 아니라 여러 사람이 노력한 결과임을 확인했다"고 강조하고 혁신을 '팀 스포츠'에 비유했다.

따라서 진정한 혁신 리더십은 "구성원의 재능을 한데 모아 '집단재능'으로 만들어낼 수 있어야 한다"는 결론에 도달한다. 힐은 이런 리더십으로 혁신 조직이 구축된 최고의 성공 사례로 픽사를 꼽았음은 물론이다.

창의성을 마라톤에 비유한 캣멀과 집단적 노력의 결과로 보는 힐은 같은 생각을 하고 있는 셈이다. 『격월간 사이언티픽 아메리칸 마인드』3·4월호 인터뷰에서도 힐은 "혁신의 성패는 집단재능을 이끌어내는 리더십에 달려 있다"고 강조했다.(2015년 4월 29일)

4차 산업혁명

4차 산업혁명의
빛과 그림자

　제20대 국회가 개원하자마자 4차 산업혁명을 연구하는 모임이 세 개나 설립된 것으로 알려졌다.

　4차 산업혁명은 독일 경제학자 클라우스 슈바프가 처음 제안한 개념이다. 슈바프는 2015년 외교전문 『포린 어페어스*Foreign Affairs*』 12월 12일자에 기고한 에세이에서 산업혁명이 4단계로 진행된다고 주장했다. 영국에서 시작된 1차 산업혁명은 증기기관 발명이 기폭제가 되었다. 1784년부터 증기기관은 생산 방식을 수공업에서 기계가 물건을 만드는 체제로 바꿔놓았다. 19세기 말 전기와 컨베이어벨트의 발명으로 시작된 2차산업혁명은 분업에 의한 대량생산을 실현했다. 1960년대에 전자공학과 정보기술의 발전으로 촉발된 3차산업혁명은 생산 자동화를 이끌어냈을 뿐만 아니라 사회 전반에 걸쳐 디지털 혁명을 일으켰다.

슈바프는 "4차산업혁명은 3차산업혁명이 창출한 디지털 세계와 기존의 물리적·생물학적 영역 사이에 경계를 허무는 기술 융합에 의해 전개될 것"이라고 주장했다. 디지털 세계와 물리적 영역이 통합된 것을 가상물리시스템CPS: Cyber-Physical System이라고 한다. 요컨대 4차산업혁명은 인터넷으로 형성되는 가상 세계를 제조 현장처럼 기계장치가 작동하는 현실 세계와 통합하는 가상물리 시스템을 구축·활용하는 기술 융합 혁명이다.

슈바프는 4차산업혁명이 단순히 3차산업혁명 연장선상에 있는 것은 아니라고 강조하고 그 논거로 세 가지를 제시했다. 첫째, 기술 발전 속도가 역사상 유례없을 정도이다. 둘째, 기술 파급 효과가 모든 나라 모든 산업에 현상파괴적disruptive이다. 셋째, 기술 발전이 초래한 변화의 폭과 깊이가 모든 생산·경영·거버넌스 체제의 변혁을 요구하고 있다.

슈바프는 4차산업혁명이 진행되면 수십억 명이 네트워크로 연결될 것으로 전망하고 이런 기술 발전을 가속화할 핵심기술로 인공지능, 로봇공학, 만물인터넷, 자율차량, 첨가제조(3차원 인쇄), 나노기술, 생명공학기술, 재료과학, 에너지 저장기술, 양자컴퓨터 등 10가지를 꼽았다. 10대 기술 중 양자컴퓨터를 제외한 나머지는 이미 산업화하고 있는 분야이다. 우리나라 역시 대부분 정부 차원에서 육성하고 있는 기술이다.

슈바프는 4차산업혁명으로 전 지구적으로 소득이 향상되고 삶의 질이 향상될 것으로 예상하면서 미국 경제학자 에릭 브리놀프슨이 지적한 것처럼 노동시장을 파괴해서 불평등을 심화시킬 가능성도 언급했다.

미국 매사추세츠공대 경영학 교수인 브리놀프슨은 2011년 펴낸 『기계와의 경쟁Race Against the Machine』에서 "기계가 단순 노동자의 일을 대신하기 때문에 대부분 나라에서 빈부격차가 발생한다"고 주장하고, 기술 발전으로 인간이 기계와의 싸움에서 패배한 것이 경제적 불평등을 심화하는 핵심 요인이라는 논리를 전개했다.

이어서 슈바프는 4차산업혁명이 우리 자신, 곧 정체성, 프라이버시, 소유권, 소비성향, 여가생활 등에 결정적 영향을 미칠 것이므로 경제적·사회적·문화적 환경을 혁신할 것을 주문했다. 또 4차산업혁명이 "인간을 로봇으로 만들어 우리의 심장과 영혼을 빼앗아갈 수도 있지만, 인간 본성의 훌륭한 덕목인 창의성·감정이입·도덕적 책임감을 고양할 수도 있다"면서, 4차산업혁명의 성패가 결국 우리의 선택에 달려 있음을 강조했다.

2016년 1월 슈바프는 그가 창설하고 회장으로 있는 세계경제포럼(다보스 포럼)에서 4차산업혁명을 국제적 쟁점으로 부각시켰다.

4차산업혁명은 한국사회에도 적용할 만한 개념인지 제대로 공론화 한번 하지 않은 채 눈 깜짝할 사이에 국가적 화두가 되었다.

국회 4차산업혁명 포럼은 3당 비례대표 1번 의원 세 명이 주도한다. 정보통신(새누리당), 수학교육(더불어민주당), 물리학(국민의당) 전문가답게 정보통신기술 위주로 성장동력을 육성하는 활동을 전개한다.

젊은이들이 흙수저니 헬조선이니 비꼬는 경제적 불평등 문제가 4차산업혁명 때문에 심화되지 않게끔 다각도로 성찰하고 고민하는 모습도 보여주길 당부하고 싶다.(2016년 7월 23일)

사회물리학과 빅데이터

오늘날 인류 사회가 풀어야 할 난제는 인구 폭발·자원 고갈·기후변화 등 한두 가지가 아니지만, 해결의 실마리는 좀처럼 나타나지 않고 있다. 따라서 이런 21세기 특유의 문제는 산업사회의 접근 방법보다는 21세기 사고방식으로 해결해야 한다는 목소리가 커지고 있다.

20세기 산업사회에서 개인은 거대한 조직의 톱니에 불과했지만 21세기 디지털 사회에서는 개인 사이의 상호작용이 사회현상에 막대한 영향을 미친다. 개인의 상호작용을 분석하여 인간 사회를 이해하는 새로운 접근 방법은 사회물리학Social Physics이다.

사회물리학은 물리학의 방법으로 사회를 연구한다. 사람이 물리학 이론에 버금가는 법칙의 지배를 받는 것으로 여긴다. 물리학에서 원자가 물질을 만드는 방식을 이해하는 것처럼 사회물리학은 개인이 사회를 움직이는 메커니즘을 분석한다. 이를테면 사람을 사회라는 물질을 구성하는 원자로 간주한다.

2007년 미국 과학 저술가 마크 뷰캐넌이 펴낸『사회적 원자*The Social Atom*』는 "다이아몬드가 빛나는 이유는 원자가 빛나기 때문이 아니라 원자들이 특별한 형태(패턴)로 늘어서 있기 때문"이라며 "사람을 사회적 원자로 보면 인간 사회에서 반복해서 일어나는 많은 패턴을 설명하는 데 도움이 된다"고 주장한다.

우리는 날마다 디지털 공간에서 남들과 상호작용하면서 우리가 생각하는 것보다 훨씬 더 많은 흔적을 남긴다. 미국 MIT 빅데이터 전문가 알렉스 펜틀랜드는 우리의 일상생활을 나타내는 이런 기록을 '디지털 빵가루digital bread crumb'라고 명명하고, 이를 잘 활용하면 사회문제를 해결하는 데 크게 보탬이 된다고 주장한다.

2014년 1월 펴낸『사회물리학』에서 펜틀랜드는 개인이 누구와 의견을 교환하고, 돈을 얼마나 지출하고, 어떤 물건을 구매하는지 낱낱이 알 수 있는 디지털 빵가루 수십억 개를 뭉뚱그린 빅데이터를 분석하면 그동안 이해하기 어려웠던 금융위기, 정치 격변, 빈부격차 같은 사회현상을 설명하기 쉬워진다고 강조한다. 빅데이터가 개인의 사회적 상호작용을 상세히 분석하는 유용한 도구 역할을 할 수 있으므로 21세기 문제를 21세기 사고방식으로 풀 수 있게 된다는 것이다.

펜틀랜드는 이 책에서 사회의 작동 방식을 이해하는 데 핵심이 되는 패턴은 사람 사이의 아이디어와 정보의 흐름이라고 밝혔다. 이런 흐름은 개인의 대화나 SNS 메시지 같은 상호작용 패턴을 연구하고 신용카드 사용 같은 구매 패턴을 분석하면 파악될 수 있다. 펜틀랜드는 "우리가 발견한 가장 놀라운 결과는 아이디어 흐름의 패턴이 생산성 증대와 창의적 활동에 직접적으로 관련된다는 것"이라면서, "서로 연결되고 외부와도 접촉하는 개인·조직·도시일수록 더 높은 생산성, 더 많은 창조적 성과, 더 건강한 생활을 향유한다"고 강조했다. 요컨대 사회적 원자들의 디지털 빵가루를 빅데이터 기법으로 분석한 결과 아이디어 소통이 모든 사회의 건강에 핵심요소인 것으로 재확인된 셈이다.

빅데이터는 이처럼 사회문제를 진단하고 해결 방안을 모색하는 데 유용한 도구일 뿐만 아니라 오늘보다 나은 미래의 조직·도시·정부를 설계하는 데 쓸모가 있는 것으로 나타났다. 펜틀랜드는 이런 맥락에서 "역사상 처음으로 우리는 기존 사회제도보다 훨씬 더 잘 작동하는 체계를 구축할 수 있음을 확인할 수 있게 되었다. 빅데이터는 인터넷이 초래한 변화와 맞먹는 결과를 이끌어낼 것임에 틀림없다"고 역설한다.

펜틀랜드가 상상하는 것처럼 빅데이터로 '금융 파산을 예측하여 피해를 최소화하고, 전염병을 탐지해서 예방하고, 창의성이 사회에 충일하도록 할 수 있다면' 얼마나 반가운 일이겠는가.

마크 뷰캐넌 역시 『사회적 원자』에서 사회물리학으로 '마른하늘에 날벼락처럼 종잡을 수 없이 일어나서 인생을 바꿔놓는 사건들'을 이해하게 되길 기대한다.(2015년 1월 7일)

▎가상현실이 생활공간을 바꾼다

대학 중퇴자가 연출한 「매트릭스^{The Matrix}」만큼 철학자들에게 논쟁거리를 듬뿍 안겨준 영화도 흔치 않을 것 같다. 철학자 17명의 공동 집필로 2002년 출간된 『매트릭스와 철학^{Matrix and Philosophy}』에서 대표 저자인 슬라보예 지젝은 "「매트릭스」는 일종의 '로르샤흐 검사^{Rorschach test}'의 구실을 하는 영화이지 않은가?"라고 묻는다. 로르샤흐 검사는 사람의 심리 상태를 진단하는 방법이다. 그러니까 "철학자들은 실존주의·마르크스주의·페미니즘·불교·허무주의·포스트모더니즘 등 각자의 관심 분야 틀로 이 영화를 읽는다"는 것이다.

1999년 부활절 주말에 미국에서 개봉된 「매트릭스」의 무대는 2199년 인공지능 기계와 인류의 전쟁으로 폐허가 된 지구이다. 주인공이 등장하는 첫 장면에서 관객은 그가 프랑스 철학자 장 보드리야르(1929~2007)가 1981년 펴낸 『시뮬라크르와 시뮬라시옹』을 펼치는 모습을 보게 된다. 불어인 시뮬라시옹은 시뮬레이션^{simulation}, 곧 '모의실험', '모조품 만들기'를 뜻하며 시뮬라크르^{simulacre}는 시뮬레이션의 산물인 '모조품'이다. 보드리야르에 따르면 시뮬라시옹에 의해 우리가 사는 세상이 위조될 수 있으며, 머지않아 현실과 비현실 사이를 구분할 수 없는 시대가 도래한다. 「매트릭스」의 주인공이 살고 있는 세계 역시 컴퓨터 시뮬레이션으로 만들어낸 가짜(시뮬라크르)이다.

시뮬레이션은 컴퓨터 자판을 두드리는 소리로 시작된다. 자판을 두드려 화면에 나타낸 가짜 현실이 다름 아닌 가상현실virtual reality이다. 컴퓨터에 의해 생성된 3차원 환경에 사용자가 몰입하여 그 세계를 구성하는 가상의 대상들과 현실세계에서처럼 상호작용하게끔 하는 기술을 가상현실VR이라 한다. VR라는 용어는 미국의 재런 러니어가 처음 만들었다. 러니어는 작곡가가 되려고 고등학교를 중퇴했으나 결국 컴퓨터에 미치게 된 괴짜였다. 1960년생인 그가 1989년 VR라는 단어를 만들어내자 『뉴욕 타임스』에 대서특필되어 러니어는 20대에 이미 세계적 명사의 반열에 오르게 되었다.

VR의 가능성은 현실세계의 가능성만큼이나 무한대이므로 그 응용 분야 역시 광범위하여 비디오게임 등 오락산업에서 건축 설계와 의료 부문에 이르기까지 활발히 응용되고 있다.

가령 건축가는 가상현실기술을 이용하여 새로 설계한 건물이 어떤 모습이 될지 3차원으로 고객에게 보여주고, 외과의사는 컴퓨터로 환자의 시체를 본떠서 수술 연습을 한다. 가상현실로 축구 경기장을 만들어 스스로 유명 선수처럼 뛸 수도 있고, 문화 유적지를 구현하여 현장에 가지 않고도 관광을 즐길 수 있다.

VR는 예술에도 지대한 영향을 미친다. 가상예술virtual art의 출현으로 2차원 화폭에 그리던 화가는 가상공간에서 3차원 그림을 그리고, 조각가는 실제의 재료로는 만들기 어려운 온갖 형태의 작품을 창조한다.

이처럼 가상현실기술이 발전함에 따라 가상공간 디자이너virtual habitat designer가 주목을 받게 되었다. 2016년 8월 미국 마이크로소프트가 영국 컨설팅업체와 함께 10년 뒤인 2025년에 각광받을 직업 10가지를 선정한 『내일의 일자리Tomorrow's Jobs』를 펴냈는데, 이 보고서에서 가장 유망한 미래 직업으로 뽑힌 것은 다름 아닌 가상공간 디자이너이다.

이 보고서는 2017년에 전 세계에서 1,200만 대 이상 가상현실 헤드셋이 판매되고, 2020년 가상현실 세계시장 규모는 400억 달러가 될 것이라고 예상하면서, "2025년까지 가상현실은 수천만 명이 날마다 일하고 놀고 공부하며 시간을 보내는 디지털 공간이 될 것"이라고 전망했다.

가상현실 세계를 실제와 거의 구별하기 어려울 정도로 설계하려면 가상공간 디자이너는 온라인 게임 디자이너에게 요구되는 스토리텔링storytelling 능력과 함께 건축가나 도시계획 전문가에게 필요한 공간 설계 지식도 갖추지 않으면 안 될 것 같다.

「매트릭스」처럼 위조된 가짜 현실이 진짜 현실보다 더 실제적이라면 우리는 어느 쪽을 삶의 공간으로 택해야 할 것인지.(2016년 10월 29일)

포켓몬과
신비동물학

　세계 방방곡곡에서 포켓몬고^{Pokemon Go}를 즐기는 사람들이 폭발적으로 증가함에 따라 일본의 요괴학^{妖怪學}도 주목받고 있다. 증강현실^{AR} 기술을 스마트폰에 응용한 포켓몬고는 우리 주변의 다양한 장소에 숨어 있는 가상의 괴물(포켓몬)을 찾아내 수집하는 모바일 게임이다. 포켓몬은 1996년부터 일본 닌텐도가 비디오게임·애니메이션·만화로 선보인 캐릭터이다.

　포켓몬의 다채로운 캐릭터들은 일본의 민담에 등장하는 요물이나 괴수를 많이 닮았기 때문에 포켓몬고 게임의 성공이 100년 전부터 육성된 요괴학에 기인한 것으로 볼 수 있다는 분석도 나온다. 일본 요괴학은 중국 문화의 영향을 받은 것으로 여겨진다. 포켓몬 캐릭터 대부분이 중국 최초의 신화자료집『산해경^{山海經}』에 등장하는 요괴와 비슷하게 생겼기 때문이다. 가령 포켓몬의 주인공 피카츄는 굴굴을 본뜬 모습이다.『산해경』에 "어떤 짐승은 생김새가 너구리 같은데 흰 꼬리에 말갈기가 있으며 이름을 굴굴이라고 한다"는 대목이 나온다.

　중국에는『산해경』처럼 상상동물을 소개한 문헌이 적지 않다. 320년께 육조 동진의 역사가 간보가 편찬한『수신기^{搜神記}』는 귀신·외계인·점술·무속·기적 등 불가사의한 이야기 500여 가지를 모아 놓은 괴기소설집이다. 981년 송나라 황제의 칙명으로 편찬된『태평

광기太平廣記』는 신선·기인·도술에 관한 야사와 전설이 500종 가까이 수록된 500권 분량의 설화집이다. 두 책에 모두 인어 이야기가 나온다.

인어는 로마 학자 플리니우스(23~79)가 펴낸『박물지*Naturalis Historia*』에도 등장한다. 37권으로 구성된 이 책에는 유니콘(일각수)이나 살라만드라(불도마뱀) 같은 상상동물이 묘사되어 있다.

200년께 출간된『피지올로구스*Physiologus*』에도 유니콘이 등장한다. 피지올로구스는 '자연에 대해 박식한 자'라는 뜻이다. 지은이가 밝혀지지 않은 '피지올로구스'는 생물 속성과 기독교 신앙 사이의 상징적 관계를 분석해놓은 기독교 동물상징 사전이다. 인어·칼라드리우스(당아새)·해마·피닉스(불사조)도 소개된다.

상상동물 이야기는 지구 곳곳에서 구전되고 있다. 이런 미지의 동물은 사람의 손길이 미치지 못하는 깊은 바다나 밀림 속에 숨어 있는지도 모른다.

숨어 사는 미지의 동물을 연구하는 분야를 신비동물학cryptozoology 이라 한다. 신비동물학의 기틀을 만든 인물은 벨기에의 베르나르 외벨망(1916~2001)이다. 1955년 그가 펴낸 558쪽의『미지의 동물을 찾아서*On the Track of Unknown Animals*』가 세계적인 베스트셀러가 되면서 학계는 물론 일반 대중이 신비동물에 관심을 갖기 시작했다. 4년 뒤인 1959년 '신비동물학'이라는 용어가 공식적으로 처음 사용되었으며, 1982년 국제신비동물학회ISC도 발족했다.

신비동물학이 비과학적 요소를 적지 않게 갖고 있음에도 불구하고 주목을 받은 까닭은 과학의 전성시대인 20세기 후반에도 새로운 괴물 이야기가 끊임없이 생산되었기 때문이다. 1995년 푸에르토리코의 작은 마을에서 비롯된 흡혈동물 전설은 가장 기괴한 현상으로 손꼽힌다. 추파카브라스^{Chupacabras}로 명명된 이 괴물은 닭이나 염소를 닥치는 대로 먹어치웠다.

신비동물학은 자연과학에 신비스러운 요소가 가미되어 있으므로 사실과 허구가 뒤엉킨 연구 분야라고 할 수 있다. 따라서 신비동물학을 사이비과학으로 몰아세우는 사람들이 적지 않지만 신비동물학자들은 전설 속의 괴물을 찾아 지구의 구석구석을 뒤지고 있다.

예컨대 예티^{Yeti}의 흔적을 찾아나서는 사람들이 적지 않다. 예티는 히말라야 산맥의 눈 속에 사는, 사람처럼 생긴 괴물이므로 설인雪人이라 불린다.

설령 추파카브라스나 설인이 인간의 호기심이 꾸며낸 허구에 불과할지라도 현실과 상상의 세계를 넘나들며 밀림과 바닷속을 뒤지는 신비동물학자들의 모험은 불가사의에 도전한다는 측면에서 부질없는 헛수고만은 아닐 터이다.

신비동물학은 2001년 출간된 『신비동물원』으로 국내에 처음 소개되었다.(2016년 8월 20일)

사물인터넷과
만물인터넷

한국사회는 일찌감치 유비쿼터스 컴퓨팅ubiquitous computing 시대에 진입한 느낌이다. 유비쿼터스가 온갖 것에 접두어로 사용되고 있기 때문이다. 유비쿼터스 아파트, 유비쿼터스 헬스, 유비쿼터스 교육 등등.

그러나 유비쿼터스 컴퓨팅 시대에 살고 있는 나라는 세계 어느 곳에도 아직 없다. 이런 착시 현상이 우리 사회에 만연한 까닭은 정보통신기술ICT이 세계적 수준임을 과시하려는 일부 관료와 전문가 집단이 아전인수식으로 유비쿼터스 컴퓨팅 개념을 왜곡했기 때문이지만 일부 언론이 맞장구친 탓도 적지 않다.

1988년 미국 컴퓨터 과학자인 마크 와이저(1952~1999)가 처음 제안한 개념인 유비쿼터스 컴퓨팅(유비컴)은 한마디로 컴퓨터를 눈앞에서 사라지게 하는 기술이다.

물건에 다는 태그(꼬리표)처럼 자그마한 컴퓨터가 실로 천을 짜듯이 냉장고에서 침실 벽 속까지 우리 주변의 곳곳에 내장되기 때문에 사람들은 컴퓨터를 더 이상 컴퓨터로 여기지 않게 되는 것이다. 요컨대 유비컴 시대에는 컴퓨터가 도처에 존재하면서 동시에 보이지 않게 된다. 와이저는 유비컴이 메인프레임, 퍼스널컴퓨터에 이은 제3의 컴퓨터 물결이 될 것이라고 예언했다.

유비컴의 가장 중요한 요소는 안경·장신구·속옷 따위의 필수품을 비롯하여 돼지고기 조각이나 포도송이에까지 장착이 가능한 컴퓨터 태그이다. 태그가 달린 물건은 모두 지능을 갖게 된다. 영리한 물건들은 스스로 생각하고 사람의 도움 없이 임무를 수행한다. 이를테면 돼지고기에 숨겨둔 컴퓨터 태그는 오븐 안에서 스스로 온도를 조절하여 고기가 알맞게 익도록 한다.

와이저가 꿈꾼 유비쿼터스 컴퓨팅을 실현할 기술로는 만물인터넷Internet of Things이 손꼽힌다. 만물인터넷은 일상생활의 모든 사물을 네트워크로 연결하여 인지·감시·제어하는 정보통신망이다.

만물인터넷에 연결된 물건은 두 가지 방식으로 정보를 교환한다. 하나는 사물과 사물 사이의 통신이다. 사람의 개입 없이 물건과 물건끼리 정보를 교환하며 주어진 역할을 수행한다. 다른 하나는 사람과 사물 사이의 통신이다. 이런 맥락에서 미래창조과학부가 애용하는 '사물인터넷'은 사람이 제외되는 듯해서 아쉽다. 인간을 만물의 영장이라고 부르기 때문에 '만물인터넷'으로 바꿔 부를 것을 제안한다.

어쨌거나 만물인터넷은 2025년께 구축될 전망이다. 미국 국가정보위원회NIC가 2009년 1월 버락 오바마 대통령이 취임 직후 일독해야 할 보고서로 준비한 「2025년 세계적 추세Global Trends 2025」에 따르면 만물인터넷은 미국 국가경쟁력에 파급효과가 막대할 6대 현상 파괴적 기술로 선정되었으며 2020~2025년에 이 세상의 모든 물건이 네트워크에 연결된다.

만물인터넷의 핵심요소는 물건에 태그처럼 부착되는 센서이다.

센서는 온도·습도·압력·진동·소리·냄새 따위의 온갖 정보를 감지한다. 『월간 사이언티픽 아메리칸』 7월호 커버스토리는 "유비쿼터스 컴퓨팅과 센서 정보가 일상생활에 무슨 의미가 있을지 예측하는 것은 30년 전 인터넷이 세상을 어떻게 바꿀지 예측할 때처럼 어려운 일"이라고 강조하면서, 만물인터넷에 의해 오랫동안 기다려온 유비쿼터스 컴퓨팅 시대가 도래하게 될 것이라고 전망했다.

유비컴 세계에서는 지능을 가진 물건과 사람 사이의 정보 교환이 무엇보다 중요하다.

물건과 대화하려면 사람은 컴퓨터가 내장된 옷을 입어야 한다. 입는 컴퓨터가 필수품이 되는 것이다.

캐나다 사회학자 마셜 매클루언(1911~1980)은 『미디어의 이해』(1964)에서 전자 미디어가 인간의 신경과 감각을 확장시킨다고 설파했다. 10년쯤 지나면 만물인터넷으로 인류가 몸 전체로 느끼고 생각하게 될 것 같다.(2014년 11월 12일)

나노기술이 만들 미래의학

의사들이 분자 크기로 만들어진 잠수정을 타고 환자 몸속으로 들어가 혈류를 따라 항해하면서 환자의 생명을 위협하는 핏덩어리를 제거한다. 1966년 미국에서 개봉된 영화 「환상 여행Fantastic Voyage」의

줄거리이다.

그로부터 20년 뒤인 1986년 이 영화의 상상력이 현실화할 수 있음을 암시한 책이 출간되었다. 미국 나노기술 이론가 에릭 드렉슬러가 펴낸 『창조의 엔진*Engines of Creation*』이다. 나노기술은 1~100나노미터 크기의 물질을 다룬다. 1나노미터는 10억분의 1미터이다. 드렉슬러는 나노기술에 관한 최초의 저서로 자리매김한 이 책에서 나노기술의 활용이 기대되는 분야 중 하나로 의학을 꼽았다. 인체의 질병은 대개 나노미터 수준에서 발생하기 때문이다. 바이러스는 가공할 만한 나노기계라 할 수 있다.

드렉슬러는 『창조의 엔진』에서 사람 몸속을 돌아다니는 로봇을 상상했다. 이런 나노로봇(나노봇)은 핏속을 누비고 다니면서 바이러스를 만나면 즉시 박멸한다. 드렉슬러는 자연의 나노기계인 바이러스를 인공의 나노기계인 나노봇으로 물리치는 이른바 나노의학을 꿈꾼 셈이다. 또한 드렉슬러가 세포 수복 기계*cell repair machine*라고 명명한 나노봇은 세포 안에서 마치 자동차 정비공처럼 손상된 부분을 수선하고 질병 요인을 제거한다. 드렉슬러 주장대로라면 나노의학으로 치료할 수 없는 질환은 거의 없어 보인다.

나노의학의 가능성은 미국 나노기술 이론가 로버트 프레이터스에 의해 더욱 확장된다. 1999년 펴낸 『나노의학』에서 그는 개념적으로 설계한 나노봇 두 종류를 소개했다. 적혈구와 백혈구를 본뜬 나노봇이다. 적혈구 기능을 가진 나노봇은 일종의 인공호흡세포이다. 이런 인공 적혈구를 몸에 주입하면 가령 단거리 경주 선수는 15분간 단 한번도 숨 쉬지 않고 역주할 수 있다. 요컨대 적혈구 나노봇을 사용하면 몇 시간이고 산소호흡 없이 버틸 수 있다. 백혈구 기능을 가진 나노봇은 일종의 인공 대식세포(매크로파지)이다. 대식세포는 식균세포이다. 백혈구 나노봇은 몸 안에 들어온 병원균이나 미생물을 집어삼킬 수 있다.

물론 의학용 나노봇은 아직 갈 길이 멀지만 나노의학은 질환의 조기 발견, 약물 전달, 질병 치료에 활용되고 있다. 먼저 분자 수준에서 질병의 발생을 진단하는 이른바 분자진단으로 질환을 조기에 발견하게 되었다. 암이 진행되어 악성 종양 덩어리가 포도알 크기가 되면 그 안에는 1조 개의 세포가 들어 있다. 따라서 종양 덩어리가 되기 전에 세포 몇 개 정도 또는 아주 작은 분자 수준일 때 암을 발견할 수 있다면 그만큼 환자의 생명을 구할 확률이 높아진다. 나노기술을 사용하여 암세포를 조기에 찾아내는 방법이 다각도로 개발되었다.

나노의학에서는 약물을 환자 몸 안에 효과적으로 전달하는 방법도 연구한다. 오늘날 항암제의 경우 종양 부위 세포만 공격하는 것이 아니라 환자 몸 전체를 강타하여 정상적인 세포도 파괴한다.

이런 화학요법의 부작용을 나노기술로 해결한 대표적 인물은 미국의 로버트 랭어이다. 랭어는 항암제를 주사기로 몸 안에 넣지 않고 폴리머(중합체)에 집어넣어 입안으로 삼키는 방법을 고안했다. 항암제가 필요한 부위에 전달되어 종양만을 공격하고 다른 부위에는 타격을 주지 않는 약물 전달 방법을 개발한 것이다.

나노입자를 이용하여 질병을 치료하는 기술도 다각도로 연구되고 있다. 10개에서 수천 개 정도의 원자로 구성된 물질을 나노입자라고 한다. 세포보다 훨씬 크기가 작은 나노입자는 세포 안 목표 지점까지 쉽게 도달할 수 있으므로 암세포로 들어가 집중적으로 공격할 수 있다.

나노의학의 궁극적인 목표는 드렉슬러와 프레이터스가 꿈꾼 나노봇의 개발이다. 『사이언티픽 아메리칸』 4월호 나노의학 특집에 따르면 이런 의학용 나노봇이 나타나려면 10~20년은 기다려야 할 것 같지만 「환상 여행」의 잠수정 같은 나노봇이 마침내 개발될 것임에 틀림없다.(2015년 6월 24일)

무어의 법칙
종말이 다가온다

"2035년에도 무어의 법칙은 유효할 것인가. 인류사회의 지속적인 경제 발전과 관련해서 아마도 이만큼 치명적인 질문도 흔치 않을 것 같다."

14일 한국공학한림원이 창립 20주년을 맞아 준비한 『2035년에 도전한다』에서 유난히 눈에 띄는 대목이다. 국내 공학기술 전문가 1,000여 명으로 구성된 한국공학한림원은 회원 대상 설문조사로

20년 뒤인 2035년 대한민국을 먹여 살릴 기술 20개를 선정했다. 이 중 하나인 '포스트실리콘기술', 곧 실리콘(규소) 반도체 이후의 기술은 무어의 법칙과 불가분의 관계에 있다.

컴퓨터의 역사는 스위치의 발전과 함께 진행되었다고 해도 과언이 아니다. 다시 말해 스위치 기술의 발전에 따라 컴퓨터 크기가 작아졌다. 1950년대 진공관 컴퓨터는 연구실 하나를 가득 채울 정도로 컸다. 1960년대에 진공관이 트랜지스터로 대체되면서 컴퓨터의 크기가 급속도로 작아지기 시작한다. 1948년 실리콘 반도체로 트랜지스터를 발명한 미국 과학자 3명에게 1956년 노벨물리학상이 수여되었다. 개개의 트랜지스터는 전자회로 기판에 다른 부품과 함께 납땜을 하여 사용했다. 그러나 컴퓨터 성능이 발전하면서 트랜지스터 수천 개가 한 개의 회로판에 장착되어야 했는데, 그 작업에 시간이 많이 걸렸다.

이 문제는 1958년 미국 전자공학자 잭 킬비(1923~2005)가 발명한 집적회로IC에 의해 해결된다. 집적회로는 손톱만 한 반도체 조각(칩)에 트랜지스터·다이오드·저항장치·축전기 등 전자회로에 필요한 모든 부품을 집어넣은 것이다. 따라서 집적회로는 실리콘칩 또는 마이크로칩microchip이라고도 불린다.

2000년 스웨덴 왕립과학원은 집적회로 발명의 공로로 킬비에게 노벨물리학상을 수여하면서 "하나의 반도체 재료만으로 만들 수 있는 부품들로 회로를 설계했다"고 평가하고, "1958년 9월 12일, 집적회로가 실제로 작동한다는 것을 보여준 이날은 기술사적으로 가장 중요한 날 가운데 하나일 것"이라고 공로를 치하했다.

미국 반도체 제조업체 인텔을 창업한 고든 무어는 1965년 "마이크로칩 성능이 12개월마다 두 배 속도로 늘어날 것"이라고 예측했다. IC칩에 들어가는 트랜지스터 수가 12개월마다 두 배씩 증가한다는 뜻이다. 무어는 10년 뒤인 1975년에 "IC칩이 18개월마다 두 배씩 성능이 향상된다"고 수정한 것으로 언론에 보도되었으나 그는 24개월로 발표했다고 주장하기도 했다. 요컨대 무어의 법칙은 '새로이 개발되는 마이크로칩에 집어넣을 수 있는 트랜지스터의 수가 18~24개월마다 약 2배씩 늘어난다'는 의미이다.

무어가 실리콘칩 기술의 발전 속도를 새롭게 예측한 이후 2015년 현재까지 40년 동안 무어의 법칙이 정확하게 들어맞은 것으로 평가된다. 하지만 실리콘 반도체기술의 본질적 한계로 무어의 법칙이 머지않아 종말을 고하게 될 것이라는 우려의 목소리도 만만치 않다.

무어의 법칙이 종료된다는 것은 20세기 후반부터 세계 경제성장의 견인차 역할을 해온 정보산업이 발전을 멈추고 제자리걸음을 할수밖에 없다는 뜻을 함축하고 있다. 정보산업의 발전이 정체되면 다른 분야도 성장을 멈추고 결국 실업자가 양산되어 인류사회는 깊은 혼돈에 빠져들게 될 것이다. 한마디로 무어의 법칙의 종말은 과학기술 분야에만 국한되지 않고 인류사회 전체에 엄청난 재앙을 몰고 올 역사적 사건이 될 것임에 틀림없다.

미국 물리학자 미치오 카쿠는 2011년 펴낸 『미래의 물리학*Physics of the Future* 』에서 "결국은 포스트실리콘 시대로 접어들게 될 것"이라며

"대체기술이 개발되지 않는다면 실리콘밸리는 서서히 폐허로 변할 것"이라고 우려를 표명한다. 이어서 미치오 카쿠는 "어떤 법칙이 무어의 법칙을 대신할 것인지 그 해답은 물리학 법칙이 쥐고 있다. 앞으로 자본주의 경제구조는 물리학에 의해 좌우될 것"이라고 주장했다.

우리나라 물리학자가 가령 '홍길동의 법칙'을 만들어 노벨상도 타고 포스트실리콘 시대의 주역이 된다면 얼마나 좋겠는가만은.(2015년 10월 14일)

4차원 인쇄가 마술을 부린다

대도시 지하에 매설한 수도관이 파손되어 누수가 발생하면 땅속을 파헤치는 공사를 벌여 새것으로 교체할 수밖에 없다. 그러나 수도관 스스로 파열된 부분을 땜질하는 기능을 갖고 있다면 구태여 보수 작업을 하지 않아도 될 것이다.

이처럼 스스로 조립을 하거나, 새로운 모양으로 바뀌거나, 바람직한 특성으로 변화하는 물질을 '프로그램 가능 물질PM: Programmable Matter'이라 이른다.

프로그램 가능 물질은 3차원 인쇄3D printing의 연장선상에 있다. 3차원 인쇄 또는 첨가제조additive manufacturing는 3차원 프린터를 사용하여 원하는 물건을 바로바로 찍어내는 맞춤형 생산 방식이다.

1984년 미국에서 개발된 3D 인쇄는 벽돌을 하나하나 쌓아올려 건물을 세우는 것처럼 미리 입력된 입체 설계도에 맞추어 3D 프린터가 고분자 물질이나 금속 분말 따위의 재료를 뿜어내 한 층 한 층 첨가하는 방식으로 제품을 완성한다. 3D 인쇄는 초콜릿이나 인공 장기처럼 작은 물체부터 무인항공기나 자동차 같은 큰 구조물까지 활용 범위가 확대일로에 있다.

프로그램 가능 물질기술은 3차원 인쇄에 사용된 물질에 프로그램 능력, 이를테면 물질 스스로 조립하거나 모양 또는 특성을 바꾸는 기능을 추가하기 때문에 4차원 인쇄4DP라고도 한다.

1990년대 초부터 몇몇 과학자가 상상한 프로그램 가능 물질은 2007년부터 본격적 연구가 시작된다.

미국 국방부(펜타곤)가 초소형 로봇이 더 큰 군사용 로봇으로 모양이 바뀌게끔 설계 및 제조하는 사업에 착수했기 때문이다.

프로그램 가능 물질 연구는 아직 10년도 되지 않았지만 몇 가지 접근 방법이 실현되었다. 미국 매사추세츠공대 연구진은 물체가 특정 자극에 반응하여 다른 모양으로 바뀌도록 미리 프로그램을 해두는 방법을 채택하여, 가령 뱀처럼 생긴 한 가닥 실이 물속에 들어가자 모양이 바뀌는 것을 보여주었다.

한편 미국 버지니아공대에서는 3차원 인쇄 도중 물체의 특정 구조에 특수 기능을 내장시키고 인쇄가 완료된 뒤 외부 신호로 그 기능을 자극하여 물체의 전체 모양이 바뀌게끔 하는 데 성공했다.

2014년 펜타곤은 4차원 인쇄로 위장용 군복을 개발하는 사업에 100만 달러 가까이 투입했다. 프로그램 가능 물질인 이 군복은 주변 환경과 병사의 신체 상태에 따라 스스로 외부 열을 차단 또는 흡수 하는 기능을 갖게 될 것으로 기대된다. 펜타곤은 궁극적으로 영화 「터미네이터 2」의 로봇과 비슷하게 장애물에 따라 모양이 바뀌는 변신 로봇 개발을 꿈꾸고 있다.

앞으로 프로그램 가능 물질은 거의 모든 물체에 활용될 전망이다. 2014년 5월 미국 국제 문제 싱크탱크 애틀랜틱카운슬Atlantic Council 이 발행한 보고서 「다음 물결The Next Wave」은 4차원 인쇄에 대한 최초 의 전략 보고서답게 프로그램 가능 물질 사례를 흥미롭게 소개한 다. 옷이나 신발이 착용자에게 맞게 저절로 크기가 바뀐다. 상자 안 에 분해되어 들어 있던 가구가 스스로 조립하여 책상도 되고 옷장 도 된다. 도로나 다리에 생긴 균열이 스스로 원상복구된다. 비행기 날개가 공기 압력이나 기상 상태에 따라 형태가 바뀌면서 비행 속 도를 배가한다.

자기 조립하는 건물도 실현 가능하다. 용지 위에 건물 부피만 한 프로그램 가능 물질을 쏟아붓고 해당 구조에 전기통신 및 배관 공 사를 지시하면 온전한 건물 한 채가 완성된다. 특히 달이나 화성에 건물을 지을 때 효과적인 방법으로 여겨진다. 우주 궤도에 작은 부 품 상자를 쏘아올리고 스스로 통신위성으로 조립하게끔 할 수도 있 을 것이다.

애틀랜틱카운슬 보고서는 프로그램 가능 물질을 사용하면 자유자재로 필요한 기능을 가진 물체로 바꿀 수 있으므로 자원의 재사용이 가능하여 지속가능발전에 크게 도움이 될 것으로 전망한다.

하지만 4차원 인쇄에도 문제가 없을 수 없다. 가령 자기 조립 건물의 프로그램이 해킹당해 붕괴하면 그 안의 사람들은 어찌 될 것인가.(2015년 5월 27일)

대통령 프로젝트의
성공사례

2013년 4월 2일 버락 오바마 미국 대통령은 집권 2기의 핵심 국정과제로 '브레인계획BRAIN Initiative'을 발표했다. '뇌 활동 지도BAM: Brain Activity Map'를 완성하는 연구사업에 10년간 매년 3억 달러의 투자를 약속했다.

2000년 1월 어느 날 빌 클린턴 미국 대통령은 5억 달러가 투입되는 '국가나노기술계획NNI'을 발표했다. 그는 미국 정부가 나노기술 연구를 위하여 장기적으로 막대한 예산을 투입할 계획임을 밝히면서 "나노기술은 트랜지스터와 인터넷이 정보시대를 개막한 것과 같은 방식으로 21세기에 혁명을 일으킬 것"이라고 말했다. 나노기술은 과학기술자들조차 오랫동안 주목하지 않았으나 미국 대통령 입에 오르내리면서 국가 차원의 관심사로 부각되었다. 이를 계기로 나노기술이 비약적인 발전을 거듭하게 되었다 해도 과언이 아니다.

과학기술의 발전을 위해 대통령 역할이 막중함을 보여준 사례임에 틀림없다.

오바마 대통령의 브레인계획도 뇌 활동 지도 작성에 성공하면 뇌질환 진단과 치료에 청신호가 켜질 뿐만 아니라 신경공학을 획기적으로 발전시킬 것으로 전망된다.

미국의 경우 기초과학과 응용기술이 균형을 유지하며 발전한 덕분에 경제성장이 가능했다. 기초과학의 연구 성과가 대기업과 벤처기업에 의해 상용화되어 경제 발전에 엄청난 기여를 한 것이다.

기초연구 결과를 하나의 산업 또는 제품으로 실현하는 데는 15년 이상이 소요된다. 따라서 이 기간을 단축하기 위해 갖가지 정책 수단이 동원되고 있다. 클린턴 대통령의 '국가나노기술계획'이나 오바마 대통령의 '브레인계획'이 그런 사례의 좋은 본보기이다.

미국 대통령이 앞장서서 이처럼 기간을 단축시킨 역사적 성공 사례로는 제2차 세계대전 당시 원자폭탄을 제조한 '맨해튼계획'과 1969년 사람을 달에 처음 보낸 '아폴로계획'이 손꼽힌다.

1939년 8월 프랭클린 루스벨트 대통령은 독일에서 망명한 과학자들이 히틀러가 원자탄을 만들 가능성이 있다고 경고한 서한을 받고 10월에 핵 문제 자문기구를 구성한다. 1942년 유럽에서 전쟁 상황이 악화되면서 루스벨트는 맨해튼계획을 본격 추진한다. 1945년 7월 사막에서 마침내 최초의 핵폭발 실험에 성공하고, 8월 일본 히로시마와 나가사키에 원자탄을 한 발씩 떨어뜨린다. 맨해튼계획은 6년간 추진되었지만 실질적으로는 루스벨트 대통령이 발벗고 나선

1942년부터 3년 만에 성공적으로 마무리된 셈이다.

1961년 5월 존 F. 케네디 대통령이 아폴로계획을 발표하고 8년 뒤인 1969년 7월 20일 유인우주선 아폴로 11호가 달 착륙에 성공한다. 아폴로계획이 예상 외로 이른 시간에 기적 같은 성과를 거둘 수 있었던 것은 무엇보다 케네디 대통령의 강력한 지도력과 전폭적인 지원이 뒷받침되었기 때문으로 분석된다. 아폴로계획의 경우 8년 동안 수천 건의 첨단기술이 개발되어 스핀오프spin-off가 엄청났다. 스핀오프는 기술 개발의 부산물 또는 파급효과를 뜻한다.

아폴로계획으로 재료·연료전지·열처리·식품·통신·컴퓨터·로봇 분야에서 개발된 기술의 스핀오프에 의해 수많은 기업과 일자리가 만들어진 것으로 밝혀졌다.

맨해튼계획과 아폴로계획의 성공으로부터 정부가 핵심기술 분야를 국책사업으로 선정하여 대통령의 진두지휘 아래 추진하면 창의적인 아이디어가 응용기술에 의해 산업화되는 기간을 단축할 수 있다는 교훈을 얻게 된다. 요컨대 기존 기술을 일거에 몰아내고 시장을 지배하는 혁신적 기술, 곧 현상파괴적 기술disruptive technology이나 시장 판도를 확 바꾸어놓을 게임 체인저game changer 기술 중에서 2~3개 핵심기술을 선정하여 이른바 대통령 프로젝트로 추진하면 블록버스터blockbuster 산업으로 성장시켜 일자리를 창출하고 획기적인 경제 발전을 이끌어낼 수 있다는 것이다. 우리나라도 대통령 프로젝트 같은 정책 수단의 활용을 검토해볼 필요가 있는 것 같다.(2015년 9월 25일)

기업 스스로 파괴해야
살아남는다

전 세계 휴대전화 가입자 수(46억대)가 전 세계 칫솔 사용량(42억 개)보다 더 많은 것으로 알려졌다. 산업화가 제대로 되지 않은 개발도상국 사람마저 모바일 기술을 활용하고 있음을 보여주는 통계이다. 이는 전 세계 사람들이 정보통신기술ICT 혁명의 혜택을 누리게 될 날이 임박했음을 예고하는 사례의 하나일 따름이다.

누구나 인터넷에 접속하면 디지털 공간에서 지식과 정보는 물론 갖가지 오락거리를 상당 부분 공짜로 이용할 수 있다. 따라서 산업시대처럼 필요한 재화와 서비스를 구매해서 소유하던 관행이 차츰 사라지고, 디지털 공간에서 필요할 때마다 비용을 거의 지불하지 않고 필요한 것에 접근해 사용하는 소비 행태가 자리 잡게 되었다. 이를테면 산업시대의 소유에서 디지털 시대의 접근으로 바뀌고 있는 것이다.

미국 미래학자 제러미 리프킨은 이런 변화를 일찌감치 간파하고 인터넷에 바탕을 둔 네트워크 경제의 특성을 분석했다. 2000년 펴낸 『접근의 시대*The Age of Access*』에서 리프킨은 정보통신기술 혁명으로 인간의 사회활동이 가상공간(사이버 스페이스)에서 이루어짐에 따라 "시장이 네트워크에 자리를 내주면서 소유는 접근으로 이동하고, 판매자와 구매자는 공급자와 사용자로 바뀌기 시작했다"고 진단했다.

미국 벤처기업가 출신 저술가 스티브 사마티노 역시 모든 사람이 정보통신기술에 접근하게 됨에 따라 산업사회의 소유체제가 디지털 사회의 접근체제로 바뀌면서 "제품의 생산과 소비, 금융, 미디어에 이르기까지 거의 모든 영역에서 경제와 산업의 지형이 해체 또는 파편화되고 있다"고 진단한다.

2014년 9월 펴낸 『위대한 해체*The Great Fragmentation*』에서 사마티노는 "경제의 대세는 한마디로 '해체'이다. 산업의 모든 것이 훨씬 작은 규모로 파편화된다. 접근성이 확장되면 더 많은 경쟁자가 유입되어 우리가 하는 것과 만드는 모든 것에서 선택의 틈새가 넓어진다. 생산자와 구매자 사이의 경계가 허물어지고, 비즈니스는 사람 중심적인 단계로 이동한다. 요컨대 경제가 점차 분산화되는 것"이라고 주장한다.

이런 맥락에서 사마티노는 제조업·금융·미디어산업의 위기를 진단하고 생존 비법을 처방한다. 제조업의 경우 우리 모두가 같은 기술에 접근할 수 있으므로 누구나 생산 과정에 직접 참여하게 된다. 개인이든 기업이든 인터넷 클릭 몇 번이면 필요한 물건을 척척 만들어주는 공장을 쉽게 찾아내서 직거래를 할 수 있기 때문이다. 산업시대에 돈이 가장 많이 소요된 부분인 공장 시설에 누구나 접근할 수 있는 시대가 온 것이다. 사마티노는 "이제 공장을 소유할 필요가 없다. 이는 산업혁명 이래 제조업에서 발생한 가장 큰 변화"라면서 중국 인터넷 소매업체 알리바바의 성공 요인으로 꼽았다. 알리바바는 제조업자와 구매자를 연결해주는 인터넷 사업으로 출발하여 전 세계 420만 제조업체의 물건을 구매자가 지정하는 곳까지 배달한다.

금융과 미디어도 해체의 물결에 휩쓸릴 수밖에 없다. 은행 같은 금융기관은 덩치가 커서 정보통신기술 혁명의 영향권 밖에 있을 것 같지만 크라우드펀딩crowdfunding처럼 사용자 사이에 직접 이루어지는 금융 때문에 해체될 가능성이 높다. 사마티노는 크라우드펀딩을 '우리 모두가 은행이라는 사실을 각성한 위대한 결과'라고 강조한다.

해체의 시대에 가장 크게 분열되는 산업으로 미디어 분야가 손꼽힌다. 인터넷에 접속하는 순간 우리 모두가 그럴듯한 미디어로 변신하기 때문이다. 이를테면 모든 개인이 미디어 기업인 셈이다.

『위대한 해체』는 금융과 미디어 같은 거대산업의 종말을 예고하면서 "산업혁명 이후 처음으로 사업 규모가 작은 것이 큰 것보다 유리한 시대가 되었다"고 강조하고 "기업은 새 제품이나 점진적 혁신만으로는 해체의 물결을 헤쳐 나갈 수 없다"면서, "기업은 제 손으로 자기를 파괴하지 않으면 살아남을 수 없다"고 충고한다.(2015년 1월 21일)

4차산업혁명 시대의 일자리 대책

4차산업혁명이 벼락처럼 한국사회의 국가적 화두로 부상하면서 대통령을 비롯하여 국회의원과 기술자 집단은 성장동력을 육성하는 절체절명의 기회로 여기고 있지만, 4차산업혁명으로 야기될 일자리 문제를 걱정하는 목소리는 별로 들리지 않는 것 같다.

2016년 1월 스위스 휴양지 다보스에서 열린 세계경제포럼WEF은 4차산업혁명 시대의 개막을 확인하면서 「일자리의 미래The Future of Jobs」라는 보고서도 펴냈다. 15개국 9대 산업 분야의 1,300만 종사자를 대표하는 371명의 국제적 경영인으로부터 수집한 자료로 작성된 이 보고서는 2020년까지 5년간 일자리의 변화를 초래할 기술 9개를 열거했다.

9대 기술을 경영인들이 응답한 비율이 높은 순서로 나열하면

⑴ 모바일 인터넷과 클라우드(가상저장공간)기술(34%) ⑵ 컴퓨터 처리 성능과 빅데이터(26%) ⑶ 새로운 에너지기술(22%) ⑷ 만물인터넷(14%) ⑸ 공유경제와 크라우드소싱(12%) ⑹ 로봇공학과 자율운송기술(9%) ⑺ 인공지능(7%) ⑻ 3차원 인쇄(6%) ⑼ 첨단 소재 및 생명공학기술(6%)이다. 로봇기술과 인공지능이 일자리에 미치는 영향이 의외로 크지 않은 것으로 나타났다.

9대 기술이 산업에 미치는 영향을 시기별로 살펴보면

⑴ 모바일 인터넷과 클라우드기술 ⑵ 컴퓨터 처리 성능과 빅데이터 ⑸ 공유경제와 크라우드소싱은 이미 일자리에 변화를 일으키고 있으며, ⑶ 새로운 에너지기술 ⑷ 만물인터넷 ⑻ 3차원 인쇄는 2015~2017년에, ⑹ 로봇공학과 자율운송기술 ⑺ 인공지능 ⑼ 첨단 소재 및 생명공학기술은 2018~2020년에 각각 일자리에 크게 영향

을 미칠 것으로 분석되었다.

다보스 포럼 보고서는 4차산업혁명으로 2020년까지 15개 국가에서 716만 개 일자리가 사라지고, 새로운 일자리는 202만 개 생겨날 것으로 전망했다. 전체적으로 5년간 514만 개, 해마다 평균 103만 개 일자리가 줄어드는 셈이다.

소멸하는 일자리를 직종별(단위 1,000명)로 세분하면

⑴ 사무행정직(4,759) ⑵ 제조생산직(1,609) ⑶ 건설(497) ⑷ 예술, 디자인, 엔터테인먼트, 스포츠, 미디어(151) ⑸ 법률직(109) ⑹ 설치 및 유지보수(40) 등 716만 5,000명이다.

새로 생겨날 일자리는

⑴ 경영 및 재무직(492) ⑵ 관리직(416) ⑶ 컴퓨터 및 수학(405) ⑷ 건축 및 엔지니어링(339) ⑸ 영업직(303) ⑹ 교육 훈련(66) 등 202만 1,000명으로 전망된다.

다보스 포럼 보고서는 4차산업혁명으로 노동시장이 파괴되어 대량실업이 불가피하고 경제적 불평등도 심화될 수밖에 없으므로 정부와 기업이 서둘러 교육과 고용 정책을 혁신할 것을 주문했다.

이 보고서는 즉각적으로 시행해야 할 네 가지 방안과 장기적으로 추진해야 할 세 가지 방안을 추천했다.

먼저 단기적 방안은 다음과 같다.

⑴ 인적자원HR 관리 기능의 혁신: 기업은 기술 발전에 적응하기 위하여 인사노무 관리 체계를 재정립할 필요가 있다. ⑵ 데이터 분석 기법의 활용: 기업과 정부는 기술 발전에 따라 발생하는 대규

모 데이터를 분석하여 미래 전략을 수립하는 능력을 갖춰야 한다. ⑬ 직무 능력 다양화에 대한 대처: 새로운 기술의 출현으로 새로운 직무 능력이 다양하게 요구되므로 전문인력 양성을 서둘러야 한다. ⑭ 유연한 조직 체계 구축: 기업은 외부 전문가를 활용할 수 있게끔 유연한 근로체계를 구축하도록 한다.

장기적 방안으로 추천된 세 가지는 다음과 같다.

⑪ 교육체계의 혁신: 20세기 교육제도의 유산인 문과·이과 분리 교육을 중단해야 한다. 요컨대 인문사회와 과학기술의 융합교육이 제도화되어야 한다. ⑫ 평생교육의 장려: 학교에서 배운 것으로 죽을 때까지 먹고살 수 없다. 새로운 기술을 지속적으로 습득할 수 있는 사회적 장치가 필요하다. ⑬ 기업 사이의 협조체제 구축: 4차산업혁명 시대의 복잡한 환경에서 기업은 경쟁보다 공생하는 전략이 생존에 필요불가결하다는 사실을 명심하지 않으면 안 된다.(2016년 9월 18일)

05
청색기술 혁명

청색기술이
블루오션이다

얼룩말은 흰 줄무늬와 검은 줄무늬의 상호작용으로 피부의 표면 온도가 8도까지 내려간다. 얼룩말에서 영감을 얻어 설계된 일본의 사무용 건물은 기계적 통풍장치를 사용하지 않고도 건물 내부 온도가 5도까지 낮춰져서 20%의 에너지 절감 효과를 거두고 있다.

담쟁이덩굴의 줄기는 워낙 강하게 담벼락에 달라붙기 때문에 억지로 떼면 벽에 바른 회반죽이 떨어져 나올 정도이다. 담쟁이덩굴 줄기가 벽을 타고 오를 때 분비되는 물질을 모방한 의료용 접착제가 개발되고 있다.

21세기 초반부터 생물의 구조와 기능을 연구하여 경제적 효율성이 뛰어나면서도 자연친화적인 물질을 창조하려는 과학기술이 주목을 받기 시작했다. 이 신생 분야는 생물체로부터 영감을 얻어 문제를 해결하려는 생물영감bioinspiration과 생물을 본뜨는 생물모방biomimicry이다. 생물영감과 생물모방을 아우르는 용어가 해외에서도 아직 나타나지 않아 2012년 펴낸『자연은 위대한 스승이다』에서 '자연중심기술'이라는 낱말을 만들어 사용했다.

　자연중심기술은 1997년 미국의 생물학 저술가인 재닌 베니어스가 펴낸『생물모방』이 베스트셀러가 되면서 21세기의 새로운 연구 분야로 떠올랐다. 베니어스는 이 책에서 자연중심기술의 중요성을 다음과 같이 강조했다.

　"생물은 화석연료를 고갈시키지 않고 지구를 오염시키지도 않으며 미래를 저당잡히지 않고도 지금 우리가 하고자 하는 일을 전부 해왔다. 이보다 더 좋은 모델이 어디에 있겠는가?"

　지구상의 생물은 38억 년에 걸친 자연의 연구개발 과정에서 시행착오를 슬기롭게 극복하여 살아남은 존재들이다. 이러한 생물 전체가 자연중심기술의 연구 대상이 되므로 그 범위는 가늠하기 어려울 정도로 깊고 넓다. 이를테면 생물학·생태학·생명공학·나노기술·재료공학·로봇공학·인공지능·인공생명·신경공학·집단지능·건축학·에너지 등 첨단과학기술의 핵심 분야가 대부분 해당된다.

자연중심기술이 각광을 받게 된 이유는 두 가지로 볼 수 있다. 첫째, 일자리 창출의 효과적인 수단이 될 가능성이 크다. 그 좋은 예가 2010년 6월 벨기에 출신의 환경운동가인 군터 파울리가 펴낸 『청색경제The Blue Economy』이다. 이 책의 부제는 '10년 안에, 100가지의 혁신기술로, 1억 개의 일자리가 생긴다'이다. 파울리는 이 책에서 100가지 자연중심기술로 2020년까지 10년 동안 1억 개의 청색 일자리가 창출되는 청사진을 제시했다. 100가지 사례를 통해 자연세계의 창조성과 적응력을 활용하는 청색경제가 고용 창출 측면에서 매우 인상적인 규모의 잠재력을 갖고 있음이 확인된 셈이다.

청색경제의 맥락에서 자연중심의 혁신기술을 '청색기술blue technology'이라는 이름으로 부를 것을 『자연은 위대한 스승이다』에서 제안한 바 있다.

둘째, 청색행성인 지구의 환경위기를 해결하는 참신한 접근방법으로 여겨진다. 무엇보다 녹색기술의 한계를 보완할 가능성이 커 보인다. 녹색기술은 환경오염이 발생한 뒤의 사후 처리적 대응의 측면이 강한 반면에 청색기술은 환경오염 물질의 발생을 사전에 원천적으로 억제하려는 기술이기 때문이다.

청색기술이 발전하면 기존 과학기술의 틀에 갇힌 녹색성장의 한계를 뛰어넘는 청색성장으로 일자리 창출과 환경 보존이라는 두 마리 토끼를 함께 잡을 수 있으므로 명실상부한 블루오션이 아닐 수 없다. 선진국을 따라가던 추격자fast-follower에서 블루오션을 개척하는 선도자first-mover로 변신을 꾀하는 박근혜 정부의 창조경제 전략에도 안성맞춤인 융합기술이다.

자연을 스승으로 삼고 인류사회의 지속가능한 발전의 해법을 모색하는 청색기술은 단순히 과학기술의 하나가 아니라 미래를 바꾸는 혁신적인 패러다임임에 틀림없다.(2014년 8월 20일)

상어에서 비즈니스 기회 찾는다

바다의 생물 중에서 가장 무서운 물고기로 알려진 것은 상어이다. 1975년 미국 영화감독 스티븐 스필버그의 출세작인 「죠스Jaws」는 상어가 바닷가 마을의 피서객을 습격하는 장면을 연출한다. 상어는 날카로운 이빨로 사람을 베어 무는 것으로 악명이 높지만 실제로 상어에게 물려 죽은 경우는 전 세계적으로 매년 평균 4건에 불과하다. 오히려 인간이 매년 1억 마리나 상어를 잡아먹는다. 상어 지느러미 수프는 세계에서 가장 값비싼 음식 중 하나이다.

상어는 바닷물 속에서 시속 50킬로미터로 헤엄칠 수 있다. 이는 어지간한 구축함보다 빠른 속도이다. 상어 피부는 매끄러울 것 같아 보이지만 지느러미 비늘에는 삼각형 미세돌기가 돋아나 있다. 10~100마이크로미터 크기의 미세돌기는 조개나 굴보다 훨씬 작아서 손으로 만지면 모래가 붙은 사포砂布 감촉으로 겨우 느껴질 정도이다. 이런 돌기는 대개 물속에서 주위에 불규칙한 흐름, 곧 와류를 생기게 하므로 매끄러운 면에 비해 마찰저항을 증가시키는 것으로 알려졌다.

그러나 1980년 미국 과학자들은 상어 지느러미 비늘에 있는 미세돌기가 오히려 마찰저항을 감소시킨다는 사실을 밝혀냈다. 작은 돌기들이 물과 충돌하면서 생기는 작은 소용돌이가 상어 표면을 지나가는 큰 물줄기 흐름으로부터 상어 표면을 떼어놓는 완충제 역할을 한다. 이로 인해 물과 맞닿은 표면마찰력이 최소화하고 결국 물속에서 저항이 감소되므로 상어가 빠른 속도로 물속을 누비고 다닐 수 있다는 것이다. 상어 비늘이 일으키는 미세한 소용돌이가 표면마찰력을 5%나 줄여준다.

경기용 수영복 제조업체인 스피도Speedo는 상어 지느러미 표면의 돌기 구조를 모방한 전신수영복을 만들었다. 패스트스킨Fastskin이라 불리는 이 제품에는 상어 비늘에 달려 있는 삼각형 미세돌기 같은 것이 붙어 있다. 이처럼 수영복 표면을 약간 거칠게 만들면 선수 주위에서 빙글빙글 맴도는 작은 소용돌이를 없애주기 때문에 100미터 기록을 0.2초 정도 단축시킬 수 있다고 한다. 0.01초를 다투는 수영 신기록 경쟁에서는 이만저만한 시간 단축이 아닐 수 없다.

2000년 시드니올림픽에서 전신수영복을 입은 선수들이 금메달 33개 중 28개를 휩쓸어갔다. 2008년 베이징올림픽에서도 세계신기록을 수립한 선수 25명 중 23명이 스피도 수영복을 입었다. 2009년 3월 국제수영연맹FINA은 전신수영복 착용을 금지하고 남자는 허리에서 무릎까지만, 여자는 어깨에서 무릎까지만 덮을 수 있도록 했다.

상어 피부의 비늘에서 영감을 얻은 독일 프라운호퍼연구소 과학자들은 항공기 날개에 바르면 공기저항을 크게 감소시키는 페인트를 개발했다. 2010년 선보인 이 상어 페인트가 전 세계 항공기에 사용될 경우 연간 총 450만 톤의 연료 절감이 가능할 것으로 보고되었다. 2017년 아시아나항공이 운항할 예정인 에어버스의 차세대 항공기A350 XWB 동체와 날개에도 이런 페인트가 사용되어 마찰저항을 크게 줄여 연료비가 대폭 절감될 것으로 알려졌다.

상어 피부의 비늘은 박테리아나 미생물이 달라붙어 서식하지 못하게끔 하는 특성이 있다. 2007년 미국 기업 샤클렛Sharklet은 상어를 본뜬 플라스틱 필름을 선보였다. 샤클렛 필름을 항공모함이든 어선이든 선체에 바르면 각종 해양생물의 부착을 막을 수 있다.

따라서 부착물 때문에 추가로 소모되는 연료비를 감소시킬 뿐만 아니라 선박을 매년 한두 번씩 물 밖으로 끌어내 선체를 청소하는 비용도 절감할 수 있다.

호주 청색기술 전문가 제이 하먼에 따르면 샤클렛 필름은 박테리아가 의료기기, 주방용품, 각종 손잡이에 달라붙어 번식하는 것을 막아주기 때문에 인기 상품이 될 것 같다.

2013년 7월 펴낸『상어의 페인트솔The Shark's Paintbrush』에서 하먼은 "지구상의 생물은 새로운 경제를 만들 수 있는 거의 무제한적인 기회를 선사한다. 그것은 기업가의 꿈"이라고 말한다.(2015년 2월 18일)

풍뎅이가
메가시티 살려낸다

여름이면 뉴욕이나 서울 같은 대도시에 열섬 효과Heat island effect 가 나타난다. 도시 중심부 기온이 같은 위도의 주변 지역보다 현저히 높게 나타나는 현상을 열섬 효과라고 한다.

도시 인구 증가, 녹지 면적 감소, 대기오염, 건물이나 자동차에서 나오는 열로 인하여 도심 지역 기온이 인근 지역 기온보다 높아지기 때문에 열섬 효과가 발생한다.

도시 열섬 효과가 극심한 여름에 건물 냉방장치가 완전 가동되면 습기를 잔뜩 머금은 뜨거운 공기가 건물을 에워싼다. 건물 냉방장치가 찬 공기를 만들어낼수록 그만큼 습하고 뜨거운 공기가 건물 외부에 만들어지는 것이다. 요컨대 건물 주변은 일종의 열섬이 된다.

이런 열섬 효과를 완화하는 방법 중 하나로 대형 건물 옥상 냉각탑에서 분출되는 차가운 공기에 함유된 엄청난 양의 수분을 포획하는 기술이 거론된다. 냉각탑 표면에 이슬처럼 응결된 증기에서 습기를 제거하면 건물 주변의 열섬 효과를 감소시킬 수 있다는 아이디어이다.

이 기술은 비 한 방울 내리지 않는 사막에서도 말라죽지 않는 풍뎅이로부터 영감을 얻어 개발되고 있다.

강수량이 적기로 유명한 아프리카 남서부 나미브사막에 서식하는 풍뎅이는 건조한 사막 대기 속에 물기라고는 한 달에 서너 번 아침 산들바람에 실려 오는 안개의 수분뿐인데도 끄떡없이 살아간다. 안개로부터 생존에 필요한 물을 만들어낼 수 있기 때문이다.

나미브사막풍뎅이의 몸길이는 2센티미터이다. 등짝에는 지름이 0.5밀리미터 정도인 돌기들이 1밀리미터 간격으로 촘촘히 늘어서 있다. 이들 돌기의 끄트머리는 물과 잘 달라붙는 친수성인 반면 돌기 아래 홈이나 다른 부분에는 왁스 비슷한 물질이 있어 물을 밀어내는 소수성을 띤다.

나미브사막풍뎅이는 밤이 되면 사막 모래언덕 꼭대기로 기어 올라간다. 언덕 꼭대기는 밤하늘로 열을 반사하여 주변보다 다소 서늘하기 때문이다. 해가 뜨기 직전 바다에서 촉촉한 산들바람이 불어와 안개가 끼면 풍뎅이는 물구나무를 서서 그쪽으로 등을 세운다. 그러면 안개 속 수증기가 등에 있는 돌기 끝부분에만 달라붙는다. 돌기 끄트머리는 친수성이기 때문이다.

수분 입자가 하나둘 모여 입자 덩어리가 점점 커져 지름 0.5밀리미터 정도 방울이 되면 결국 무게를 감당하지 못하고 돌기 끄트머리에서 아래로 굴러떨어진다. 이때 돌기 아래 바닥은 물을 밀어내는 소수성 표면이기 때문에 등짝에 모인 물방울은 풍뎅이 입으로 흘러 들어간다. 나미브사막풍뎅이는 이런 방식으로 수분을 섭취하여 사막에서 살아남는 것이다.

나미브사막풍뎅이가 안개에서 물을 만들어낸다는 사실은 1976년 알려졌다. 하지만 아무도 그 비밀을 밝혀내려고 나서지 않았다. 2001년 영국의 젊은 동물학자 앤드루 파커는 나미브사막에서 풍뎅이가 메뚜기를 잡아먹는 사진을 우연히 보게 되었다.

지구에서 가장 뜨거운 사막이었기 때문에 열대의 강력한 바람에 의해 사막으로 휩쓸려간 메뚜기들은 모래에 닿는 순간 죽었다.

그러나 풍뎅이들은 끄떡도 하지 않았다. 파커는 풍뎅이 등짝 돌기에 주목하고, 거기에서 수분이 만들어진다는 사실을 밝혀냈다. 2001년 국제학술지 『네이처』 11월 1일자에 이 연구 결과가 발표되었다. 2004년 6월 파커는 나미브사막풍뎅이의 물 생산기술 특허를 획득했다.

벨기에 청색기술 전문가 군터 파울리가 2010년 6월 펴낸 『청색경제 The Blue Economy』에는 풍뎅이 집수 기술을 응용하여 열섬 효과와 물부족 문제를 동시에 해결하는 사례가 다음과 같이 소개되었다.

"풍뎅이기술을 이용해 대형 건물 냉각탑으로부터 나오는 수증기에서 물을 모으는 실험을 실시한 결과 물 손실의 10%를 복구할 수 있는 것으로 나타났다.

이는 열섬 효과를 감소시킴으로써 이웃 건물의 에너지 비용을 절감시켜준다. 해마다 약 5만 개의 새로운 냉각탑이 세워지고 있으며, 각 냉각 시스템마다 매일 5억 리터 이상 물이 손실된다. 따라서 10% 절수 효과란 대단한 것이다."

하찮은 벌레가 서울이나 뉴욕을 살려낼지도 모를 일이다.(2015년 7월 22일)

식물을 모방한
청색기술 옷감

자연에서 배우는 청색기술이 의류 산업에서도 활용되기 시작했다. 연잎·벌레잡이통풀·솔방울 같은 식물의 구조와 특성을 본떠 만드는 직물이 소비자의 관심을 끌게 될지 주목되고 있다.

연은 연못 바닥 진흙 속에 뿌리를 박고 자라지만 흐린 물 위로 아름다운 꽃을 피운다. 연은 흙탕물에서 살지만 잎사귀는 항상 깨끗하다. 비가 내리면 물방울이 잎을 적시지 않고 주르르 흘러내리면서 잎에 묻은 먼지나 오염물질을 쓸어내기 때문이다.

연 잎사귀가 물에 젖지 않고 언제나 깨끗한 상태를 유지하는 현상을 연잎 효과lotus effect라고 한다. 이런 자기정화 효과는 잎의 습윤성, 곧 물에 젖기 쉬운 정도에 달려 있다. 습윤성은 친수성과 소수성으로 나뉜다. 물이 잎 표면을 많이 적시면 물과 친하다는 뜻으로 친수성, 그 반대는 소수성이라고 한다. 특히 물을 배척하는 소수성이 극심한 경우 초소수성超疏水性이라 이른다.

독일 식물학자 빌헬름 바르틀로트는 연잎 표면이 작은 돌기로 덮여 있고 이 돌기 표면은 티끌처럼 작은 솜털로 덮여 있기 때문에 초소수성이 되어 자기정화 현상, 곧 연잎 효과가 발생한다는 것을 밝혀냈다. 작은 솜털은 크기가 수백 나노미터이므로 나노돌기라 부를 수 있다. 이를테면 수많은 나노돌기가 연잎 표면을 뒤덮고 있기 때문에 물방울은 잎을 적시지 못하고 먼지는 빗물과 함께 방울로 떨어지는 것이다. 1994년 7월 바르틀로트는 연잎 효과 특허를 출원했다.

물에 젖지도 않고 때가 끼는 것도 막아주는 연잎 효과를 활용한 의류가 개발되었다. 이 옷을 입으면 음식 국물을 흘리더라도 손으로 툭툭 털어버리면 된다. 이 옷 표면에는 연잎 효과를 나타내는 아주 작은 보푸라기가 수없이 많이 붙어 있다.

벌레잡이통풀은 주머니처럼 생긴 특이한 통 모양의 잎을 가진 식충식물이다. 주머니잎 안쪽 가장자리 윗부분은 뻣뻣한 털로 덮여 있지만 아래쪽 가파른 부분은 기름을 칠해놓은 듯 미끄럽다. 곤충이 주머니잎의 꿀 분비샘에 이끌려 일단 잎 속으로 들어가면 아래쪽으로 미끄러져 밑바닥에 고여 있는 액체로 굴러떨어져 다시는 기어나오지 못한다. 벌레잡이통풀은 효소를 분비하여 곤충을 소화한다.

러시아 태생 재료과학자인 조애나 에이젠버그 미국 하버드대 교수는 동남아시아 벌레잡이통풀을 모방하여 물·기름·혈액은 물론 심지어 개미까지 모든 것이 미끄러질 수 있는 표면을 개발했다. 2011년 에이젠버그는 국제학술지 『네이처』 9월 22일자에 실린 논문에서 이 표면을 SLIPS Slippery Liquid-Infused Porous Surfaces, 곧 '미끄러운 액체가 주입된 다공성 표면'이라고 명명했다.

SLIPS는 물만 밀어내는 연잎 효과 표면과 달리 거의 모든 물질을 쓸어내리는 자기정화 기능이 있기 때문에 유리·금속·플라스틱은 물론 직물에도 널리 활용될 전망이다. 에이젠버그가 재미과학자 김필석 박사와 공동 창업한 'SLIPS테크놀로지'는 건설·군대·병원·스포츠 분야의 특수 의류를 개발하고 있다.

2006년 테니스 선수 마리야 샤라포바가 19세에 올린 국제대회 성적과 함께 그의 옷이 화제가 되었다. 솔방울 효과^{pine cone effect}를 응용한 옷을 입고 시합했기 때문이다.

솔방울 껍데기는 습도에 따라 다르게 반응하는 두 개 물질로 만들어져 있다. 비가 와서 껍데기가 축축해지면 바깥층 물질이 안쪽 물질보다 좀 더 신속하게 물을 흡수하여 부풀어오르기 때문에 솔방울이 닫힌다. 그러나 기온이 올라 껍데기가 건조해지면 바깥층 물질에서 수분이 빠져나가면서 구부러지기 때문에 솔방울이 열린다. 껍데기가 열리는 순간 씨앗이 튕겨 나와 바람에 실려 멀리 퍼져나가는 것이다.

솔방울 껍데기의 두 물질이 서로 다르게 환경에 반응하는 특성, 곧 솔방울 효과를 모방한 옷이 개발되고 있다. 이런 옷은 땀이 나면 작은 천들이 저절로 열려 피부가 서늘해진다. 「네이처」 3월 26일자에 따르면 2016년부터 솔방울 옷감이 본격적으로 판매될 예정이다.(2015년 7월 8일)

중국의 생물모방 도시 건설

중국 정부가 생태도시 건설을 주요 시책으로 추진하고 있다. 생태도시는 세 종류로 나뉜다. 생물다양성 생태도시는 다양한 생물이 서식하게끔 녹지와 하천을 조성한다. 자연순환성 생태도시는 자원의 재활용 및 재사용 체계를 구축한다. 지속가능성 생태도시는 건축과 교통이 생태계에 안기는 부담을 최소화하는 데 주력한다. 중국이 건설 중인 둥탄東灘·팡좡方庄·랑팡廊坊은 지속가능성 생태도시이다.

중국이 생태도시 건설에 박차를 가하는 이유는 두 가지이다.

첫째, 도시로 이동하는 농촌 인구를 수용하기 위해 신도시 건설이 불가피하다. 둘째, 세계에서 이산화탄소를 가장 많이 배출하는 환경오염 국가라는 비난을 의식하지 않을 수 없기 때문이다.

이를테면 두 마리 토끼를 한꺼번에 잡기 위해 추진되는 첫 번째 생태도시 프로젝트가 둥탄 건설이다. 상하이 근교 섬에 위치한 둥탄은 2001년부터 2050년까지 인구 50만 명을 수용하는 세계 최대 생태도시를 목표로 건설되고 있다.

둥탄 신도시 건설에는 영국의 다국적 기업 애럽Arup이 참여하고 도시계획 전문가 피터 헤드가 실무 작업을 주도한다. 애럽은 허베이성에 위치한 팡좡의 설계도 도맡았다.

헤드는 둥탄과 팡좡의 설계 원칙으로 생물모방biomimicry을 채택했다. 1997년 미국 생물학 저술가 재닌 베니어스가 펴낸『생물모방』을 탐독하고 영감을 얻었기 때문이다. 이 책의 말미에는 생물이 수십억 년에 걸친 자연선택을 통해서 생존을 위해 터득한 전략이 열 가지 나열되어 있다. 생물의 성공적인 생존을 위한 십계명이라 할 수 있다. 헤드는 베니어스가 제시한 십계명을 생태적 설계 원칙으로 삼아 둥탄과 팡창에 적용했다.

팡창은 전통 가옥과 배나무 과수원이 많은 농촌 지역이다. 헤드는 신도시 건설로 지역경제가 활성화됨과 동시에 농부들이 계속해서 농사를 지을 수 있어야만 도시 부자와 시골 농부 사이의 빈부 격차를 좁힐 수 있다고 생각했다.

따라서 헤드는 도시와 농촌이 유기적으로 결합되는 생태도시 계획을 세웠다. 농지 35%에만 건물을 올리고 나머지 65%는 그대로 농사를 짓게끔 했다. 그러나 이 정도 도시계획으로는 지속가능한 설계 조건을 충족시킬 수 없으므로 베니어스의 십계명에 관심을 가진 것이다.

가령 '생물은 에너지를 효율적으로 모으고 사용한다'는 생물모방의 세 번째 전략을 교통 체계 설계에 반영했다. 교통 체계의 이동성을 최대화하는 대신 접근성을 최적화하는 방향으로 설계하여 에너지 수요를 80%까지 절감하게 되었다. 이처럼 생물모방 원리가 팡창 설계에 반영되었기 때문에 팡창은 '생물모방 도시'라 불린다.

베이징 인근의 랑팡 역시 생물모방 원칙으로 설계된 지속가능성 생태도시이다. 미국 최대 설계 회사 HOK가 이 도시 건축 계획을 입안했다. 지속가능성 설계의 선두 주자인 HOK는 2008년 9월 베니어스와 손잡고 건물과 도시 설계에 생물모방 원리를 적용하기 시작했다. HOK 설계 전문가와 생물모방 전문가가 함께 현장을 방문하여 그 지역 동식물이 사용하는 가장 성공적인 생존 전략을 건물과 도시 설계에 반영한다.

2013년 6월 HOK와 베니어스 연구소가 함께 만든 보고서 「바이옴의 특성 Genius of Biome」이 발표되었다. 바이옴은 기후 조건에 따라 구분된 생물의 군집 지역을 뜻한다. 열대우림, 사막, 툰드라 따위가 바이옴이다. 이 보고서는 생물모방 원리를 지속가능한 건축과 도시 설계에 적용하는 지침을 제시한다.

우리나라 지방자치단체들도 생태도시에 대한 관심이 작지 않다. 2014년 10월 순천과 울산은 생태공원을 조성하여 생물다양성 생태도시를 추구한다. 지난 2월 김포와 안산은 자연순환성 생태도시 구상을 발표했다. 전주는 지속가능성 생태도시로 거듭나기 위하여 영국의 생태도시 브리스틀과 협력 방안을 논의 중이다. 용인도 지속가능한 청색기술 도시 건설을 검토하고 있는 것으로 알려졌다.(2015년 5월 13일)

청색기술 혁명이 시작된다

삼성물산 패션사업부는 지난 3월 오염 방지 의류를 내놓았다. 이옷을 입으면 빗물에 젖어도 툭툭 털어내면 보송보송해지고 음식을 먹다가 국물을 흘려도 손으로 그냥 닦아내면 깨끗해진다. 연잎 효과 lotus effect를 적용했기 때문에 오염 방지가 가능한 것으로 알려졌다. 연은 흙탕물에서 살지만 잎사귀가 물에 젖지 않고 항상 깨끗한 상태를 유지하는 현상을 연잎 효과라고 한다. 옷 표면에 연잎 효과를 나타내는 나노미터 크기의 보푸라기가 수없이 많이 붙어 있는 이 의류는 우리나라에서 청색기술blue technology을 활용한 제1호 상품으로 자리매김할 만하다.

청색기술은 2012년 출간된 『자연은 위대한 스승이다』에서 처음 소개한 용어로서 '생물의 구조와 기능을 연구하여 경제적 효율성이 뛰어나면서도 자연친화적인 물질을 창조하려는 과학기술'을 의미한다. 자연 전체가 연구 대상이 되므로 청색기술은 생물학·생태학·생명공학·나노기술·재료공학·로봇공학·인공지능·신경공학·집단지능·건축학·스마트도시·에너지 등 첨단과학기술의 핵심 분야가 대부분 관련되는 융합기술이다.

2014년 8월 20일자 이 칼럼에서 청색기술이 각광을 받게 된 이유를 두 가지 제시했다. 하나는 청색기술이 일자리 창출의 효과적인 수단이 될 가능성이 크다는 것이며, 다른 하나는 청색기술이 지구의 환경위기를 해결하는 참신한 접근 방법으로 여겨진다는 것이다. 이런 맥락에서 청색기술로 '일자리 창출과 환경 보존이라는 두 마리 토끼를 함께 잡을 수 있으므로' 청색기술은 '선진국을 따라가던 추격자에서 블루오션을 개척하는 선도자로 변신을 꾀하는 박근혜 정부의 창조경제 전략에도 안성맞춤인 융합기술'임을 강조했다. 하지만 미래창조과학부나 산업통상자원부 같은 중앙부처에서 청색기술에 대한 관심을 나타내지 않아 아쉬워하는 연구자들이 적지 않았다.

그런데 2015년 11월부터 지방자치단체에서 청색기술을 미래전략산업으로 육성하려는 정책이 추진되기 시작했다. 경상북도와 전라남도가 가장 적극적으로 청색기술 산업화에 앞장서고 있다.

경상북도(도지사 김관용)는 2015년 11월 포항과 경산의 과학기술 역량을 바탕으로 청색기술을 새로운 성장동력으로 육성하는 연구에 착수했다. 대구의 한 지역신문은 같은 해 12월 사설에서 "청색기술은 자연을 보호하면서 인류의 지속적인 생존과 발전을 보장하는 미래의 블루오션으로 꼽힌다"며 경상북도의 청색기술 융합산업 클러스터 조성 계획을 높이 평가했다. 경상북도는 2016년 상반기 전문가 정책협의회를 운영하여 청색기술 육성 방안을 마련했다. 2018년부터 5년간 1,447억 원(국비 914억 원, 지방비 533억 원)을 투입하여 경산에 '청색기술산업지원센터'를 건립하고 경산·포항·대구의 대학 16개, 부설연구소 180개, 연구기관 16개, 기업체 5만 8,000개의 연구개발 역량을 활용하는 광역 클러스터를 조성할 계획인 것으로 알려졌다.

8월 26일 경상북도는 과학기술정책연구원STEPI과 예비타당성(예타) 기본계획 수립 연구용역 계약을 체결하고 2017년 7월 기획재정부에 예비타당성조사 사업을 신청할 계획임을 밝혔다.

한편 전라남도(도지사 이낙연)는 4월 5일 서울에서 산학연 전문가를 중심으로 '청색기술 산업화 추진단'을 발족하고 광주과학기술원 GIST·단국대·목포대·순천대·중앙대 등 5개 대학 산학협력단과 청색기술 공동연구 협약을 체결했다. 전라남도는 이 자리에서 "철강·

화학·조선 등 전통적 주력산업과 청색기술을 접목해 전남의 미래 먹거리를 창출하는 계기를 마련할 것"이라고 다짐했다.

9월 12일 전라남도는 GIST와 청색기술 산업화 기본계획을 12월까지 수립하는 업무 협약을 체결했다. 이를 토대로 전라남도는 2017년 1월부터 청색기술 산업화를 위한 국비사업 발굴에 나설 계획이다. 청색기술 상용화를 지원하는 재단을 설립하여 2018년부터 산업화를 본격적으로 추진할 것으로 알려졌다.

전남과 경북이 추진하는 청색기술 산업화 계획에 중앙정부가 흔연히 응답하길 당부하고 싶다.(2016년 10월 1일)

4차산업혁명 vs 청색기술 혁명

21세기 경제를 주도할 기술 혁명으로 4차산업혁명과 청색기술 혁명이 손꼽힌다. 국가 경제의 경쟁력을 좌우할 두 기술 혁명은 핵심기술, 일자리 창출, 우리나라의 대처 방식 등 세 가지 측면에서 현격한 차이를 드러낸다.

먼저 두 기술 혁명의 목표는 본질적으로 다르기 때문에 핵심기술 역시 겹치는 부분이 많지 않다. 4차산업혁명은 정보통신기술ICT을 제조 현장에 적용하여 기업 경쟁력 향상을 도모하면서 촉발된 기술 혁명이다. 따라서 4차산업혁명 개념을 창안한 클라우스 슈바프가

회장으로 있는 다보스 포럼에서 천명한 것처럼 인공지능·로봇공학·만물인터넷·자율차량·첨가제조(3차원 인쇄)·나노기술·생명공학기술·재료과학·에너지 저장기술·양자컴퓨터 등 10대 기술이 4차산업혁명을 견인할 전망이다. 요컨대 4차산업혁명은 인공지능·로봇공학·자율차량 등 기계의 지능을 끌어올리는 기술 중심으로 진행된다. 인간 능력 향상기술, 예컨대 뇌과학이나 사이보그학이 핵심기술로 언급되지 않은 것은 4차산업혁명이 진행될수록 인간에 대한 기계의 도전이 만만치 않을 것임을 암시한다.

한편 청색기술 혁명은 생물의 구조와 기능을 연구하여 자연친화적이면서 효율성이 뛰어난 물질을 창조하려는 산업혁명이다. 생물 전체가 청색기술의 연구 대상이 되므로 생명공학기술·나노기술·재료과학·로봇공학·뇌과학·집단지능·건축학·에너지 등 첨단기술의 핵심 분야가 대부분 관련된다. 청색기술은 무엇보다 청색 행성인 지구의 환경위기를 해결하는 참신한 접근 방법으로 여겨진다. 녹색기술은 환경오염이 발생한 뒤의 사후 처리적 대응 측면이 강한 반면에, 청색기술은 생물이 화석연료를 고갈시키지 않고 지구를 오염시키지 않는 것처럼 환경오염 물질의 발생을 사전에 원천적으로 억제하려는 기술이기 때문이다.

일자리 창출 측면에서 두 기술 혁명의 차이가 더욱 극명하게 드러난다. 지난 1월 다보스 포럼에서 발표된 「일자리의 미래The Future of Jobs」라는 보고서는 4차산업혁명으로 2020년까지 15개 국가에서 716만 개 일자리가 사라지고 새로운 일자리는 202만 개가 생겨날 것이라고 예측했다. 전체적으로 5년간 514만 개, 해마다 평균 103만 개 일자리가 줄어드는 셈이다. 9월 18일자 이 칼럼에서 언급한 바와 같이 다보스 포럼 보고서는 4차산업혁명으로 노동시장이 파괴되어 대량 실업이 불가피하고 경제적 불평등도 심화될 수밖에 없으므로 정부와 기업이 서둘러 교육과 고용정책을 혁신할 것을 주문했다.

그러나 청색기술 혁명은 일자리 창출의 효과적인 수단이 될 가능성이 크다. 2014년 8월 20일자 이 칼럼에서 그 논거로 2010년 벨기에 출신 환경운동가 군터 파울리가 펴낸 『청색경제 *The Blue Economy*』를 제시했다. 이 책의 부제는 '10년 안에, 100가지 청색기술로 1억 개 일자리가 생긴다'이다. 파울리는 2020년까지 10년간 1억 개의 청색 일자리가 창출되는 청사진을 제시했다. 자연을 스승으로 삼고 인류사회의 지속가능한 발전의 해법을 모색하는 청색기술은 고용 창출 측면에서 매우 인상적인 규모의 잠재력을 갖고 있는 것으로 여겨진다.

끝으로 우리 사회가 두 기술 혁명을 수용하는 방식도 크게 다르다. 4차산업혁명은 한국사회에도 적용할 만한 개념인지 제대로 검증 한번 해보지 않은 채 벼락처럼 국가적 화두로 부상해서 대통령을 비롯한 국회의원과 기술자 집단은 성장동력을 육성하는 절체절명의 기회로 여기고 있다. 그러나 청색기술에 대해서는 경상북도·전라남도·충청남도 등 지방자치단체가 산업화를 추진하고 있을 뿐 미래창조과학부나 산업통상자원부 같은 중앙부처에서는 아무런 관심도 나타내지 않는 실정이다.

4차산업혁명의 핵심기술은 인공지능 등 대부분 선진국이 지배하는 레드오션이지만 청색기술은 경쟁자가 많지 않은 블루오션이다. 청색기술 혁명은 우리가 세계시장을 개척하는 선도자first-mover가 될 수 있는 절호의 기회가 아닌가 싶다.(2016년 11월 12일)

06

지속가능발전

인류세는 지구를 파괴하는 지질시대

현생인류의 활동이 행성 지구의 건강 상태에 영향을 미치고 있는 사실을 지구의 지질학적 시간표에 명시해야 한다는 학계의 목소리가 갈수록 커지고 있다.

지구 역사를 지질학적으로 구분하는 시간표는 대^{era}, 기^{period}, 세^{epoch}로 짜인다. 21세기 인류는 신생대 제4기 홀로세에 살고 있다.

신생대$^{Cenozoic\ era}$는 중생대가 끝나는 6,600만 년 전에 시작된다. 1억 4,000만 년 동안이나 지구의 지배자로 군림했던 공룡이 절멸하고, 공룡의 눈치를 살피면서 숨어 살던 포유류의 전성시대가 개막된 시기이다. 이 포유류가 진화를 거듭한 끝에 지구의 주인이 된다. 다름 아닌 현생인류이다.

신생대는 제3기$^{Tertiary\ period}$와 제4기$^{Quaternary\ period}$로 나뉜다. 6,600만 년 전에 시작된 제3기는 250만 년 전에 끝난다. 이어서 시작된 제4기는 오늘날까지 지속된다. 제4기는 홍적세^{Pleistocene}와 충적세^{Holocene}를 포함한다.

250만 년 전에 시작된 홍적세는 1만 년 전쯤 빙하기 끝 무렵에 마감된다. 정확히 1만 1,700년 전에 시작된 충적세(홀로세)는 지질시대 중 마지막 기간으로 오늘날까지 이어지므로 현세$^{Recent\ epoch}$라고도 불린다. 이를테면 우리는 충적세, 홀로세 또는 현세에 살고 있다.

지구온난화, 해수면 상승, 오존층 파괴 등으로 지구가 인류 문명을 지탱할 능력을 상실해가고 있다는 경고와 우려가 속출하는 가운데, 네덜란드 대기화학자 파울 크뤼천이 인류가 지구에 미치는 영향을 명시하는 새로운 지질시대가 명명되어야 한다고 주장하고 나섰다. 크뤼천은 1970년 연소과정에서 생성되는 질소산화물이 성층권에서의 오존 고갈 속도에 영향을 줄 수 있음을 밝혀내서 1995년 노벨화학상을 받았다. 2000년 그는 지구가 인류로부터 시달림을 당하고 있는 특정 지질시대를 인류세^{Anthropocene}라고 부를 것을 제안했다.

그는 인류세가 18세기 후반에 산업혁명과 함께 시작되었다고 주장했다. 산업혁명으로 인해 성층권의 오존층에 구멍이 생기기 시작해서 인류의 건강을 위협하는 상태가 되었기 때문이라고 논거를 밝혔다. 크뤼천의 학문적 영향력이 막강해서 그에 동의하는 학자들이 갈수록 늘어났다.

2008년 영국 지질학자 얀 잘라시에비치는 인류세를 독립된 지질시대로 채택할 것을 국제층서학위원회^{ICS}에 제안했다. 층서학$_{stratigraphy}$은 어떤 지역의 지층 분포나 상태를 연구하는 분야이다. 이를테면 지질시대를 결정하는 최고 기관으로 홀로세를 2008년에야 정식으로 인정할 정도로 신중하여 인류세도 쉽사리 승인할 것으로 여겨지지 않는다. 하지만 지구의 건강 상태가 악화되고 있어 국제층서학위원회가 인류세를 수용하는 것은 불가피해 보인다는 의견도 만만치 않다.

2009년 국제학술지『네이처』9월 24일자에 실린 보고서에 따르면 지구가 중병에 걸린 환자 상태임을 알 수 있다.

① 기후변화: 온실가스에 의한 지구온난화로 야기된 기후변화로 생태계 교란, 전염병 창궐, 해수면 상승 등 인류 생존에 빨간불이 켜진 상태이다.

② 해양 산성화: 화석연료가 내뿜는 이산화탄소는 바닷물로도 녹아들기 때문에 바다 표면이 갈수록 산성화되어 바다 먹이사슬의 핵심인 식물 플랑크톤이 자라나지 않아 해양 생태계가 붕괴한다.

③ 오존층 파괴: 태양으로부터 지구로 투사되는 자외선을 차단하는 성층권의 오존층이 사람이 만들어낸 화학물질에 의해 얇아지거나 구멍이 뚫려 자외선이 사람에게 위협이 된다.

④ 민물 부족: 관개를 위한 담수 공급 기술을 혁신하지 않으면 머지않아 강물이 바닥 나서 물 부족 현상이 극심해진다.

2015년 1월 잘라시에비치가 이끄는 12개국 과학자 26명은 "인류세가 최초의 원자폭탄 실험이 실시된 1945년 7월 16일 시작된 것으로 보아야 한다"는 논문을 발표했다.

『네이처』 3월 12일자는 인류세가 지질시대로 채택될 것으로 전망했다. 그렇게 되면 우리는 모두 지구를 괴롭힌 공동정범으로 낙인찍히게 될 수밖에 없다.(2015년 11월 25일)

유엔이 채택한 지속가능발전 목표

9월 25~27일 유엔총회 세계정상회의에서 지속가능발전 목표 SDGs: Sustainable Development Goals 17개가 공식 채택된다.

지속가능발전은 1987년 유엔환경개발위원회가 펴낸 보고서 「우리 공동의 미래Our Common Future」에서 "후손들의 필요를 충족시킬 능력을 손상하지 않으면서 한 세대의 필요를 채우는 발전"으로 개념이 규정되었다. 지속가능발전은 경제와 환경이 분리된 것이 아니라 상호의존적인 관계라 보고, 환경을 보전할 수 있는 경제 발전을 추구하는 접근 방법이다.

지속가능발전 개념은 1992년 6월 브라질 리우데자네이루에서 개최된 유엔환경개발회의의 기본 노선이 된다. 리우 회의에 참석한 120여 개국 정상들은 지속가능발전에 관한 행동계획의 틀을 마련했다.

지속가능발전을 위해 가장 먼저 해결해야 하는 문제는 절대빈곤이다. 절대빈곤은 세계 인구 72억 명 중 최소한 10억 명에게는 생사가 걸린 문제이다. 이들은 먹을 것이 없어 날마다 생명을 위협받는 처지이다. 해마다 어린이 650만 명이 다섯 살도 되기 전에 굶어죽는 실정이다.

2000년 9월 유엔총회 정상회의에서 절대빈곤 퇴치를 겨냥한 '새천년 개발 목표MDGs: Millennium Development Goals'를 채택했다. 2015년까지 15년간 전 지구적으로 추구할 새천년 개발 목표는 8개가 설정되었다. ① 절대빈곤과 기아 퇴치, ② 보편적 초등교육 달성, ③ 성평등 촉진과 여성 능력 고양, ④ 유아 사망률 감소, ⑤ 임산부 건강 개선, ⑥ 에이즈·말라리아 따위의 질병 퇴치, ⑦ 지속가능한 환경 확보, ⑧ 개발을 위한 전 지구적 협력이다.

2012년 6월 리우데자네이루에서 1992년 정상회의 20주년을 기념하는 유엔지속가능발전회의가 열렸다. '리우+20 정상회의'라 불리는 이 자리에서 발표된 보고서 「우리가 원하는 미래The Future We Want」는 MDG를 대체하는 새로운 목표로 SDG의 필요성을 제기했다. 빈곤 퇴치만을 목표로 삼은 MDG로는 전 지구적으로 지속가능발전을 위협하는 요인에 대처하는 데 한계가 있을 수밖에 없었기 때문이다.

리우+20 정상회의에서 논의된 SDG를 구체화하기 위해 반기문 유엔 사무총장은 특별고문인 미국 경제학자 제프리 삭스에게 '지속가능발전 해결을 위한 네트워크^{SDSN}' 구성 임무를 맡겼다. 삭스는 컬럼비아대에서 지속가능 발전 강의를 전담할 정도로 세계적인 전문가이다.

2013년 유엔 SDSN은 SDG 10개 목표를 제안했다.

SDG 1-기아를 포함해 절대빈곤을 근절한다. SDG 2-지구 위험 한계선^{Planetary boundaries} 안에서 경제 개발을 성취한다. 기후변화, 해양 산성화, 생물 다양성 파괴처럼 인류의 지속적 생존에 관련된 환경 영역을 지구 위험 한계선이라고 한다. SDG 3-모든 어린이와 젊은이에게 양질의 교육과 평생학습 기회를 보장한다. SDG 4-모든 사람에게 성평등, 사회적 포용, 인권을 누리도록 한다. SDG 5-모든 연령층에 대해 건강한 삶과 복지 서비스를 보장한다. SDG 6-농업 체계를 개선하고 농촌의 생산성을 끌어올린다. SDG 7-모든 도시를 사회적으로 포용하고, 경제적으로 생산적이며, 환경적으로 지속가능하도록 만든다. SDG 8-사람에 의해 유발되는 기후변화를 억제하고 지속가능한 에너지를 확보한다. SDG 9-생태계와 생물 다양성을 보전하고 물이나 다른 천연자원의 관리에 만전을 기한다. SDG 10-지속가능한 발전을 위한 협치(거버넌스)를 구축한다.

2014년 12월 반기문 총장은 이를 토대로 세분화된 17개 목표를 발표했다.

3월 초 펴낸 저서 『지속가능발전의 시대』에서 삭스는 SDG가 2000년부터 2015년까지 15년간 추진된 MDG를 대체하여 "2016년부터 2030년까지 15년간 지구의 미래를 위한 행동강령이 될 것"이라고 강조했다. 이 책의 서문을 집필한 반 총장은 "우리는 절대빈곤을 끝내는 첫 번째 세대이자 기후변화에 용감하게 맞서는 마지막 세대가 될 것"이라고 썼다.(2015년 8월 18일)

순환경제로 지구를 살린다

커피 원두는 농장을 떠나는 순간부터 주전자에서 추출될 때까지 전체의 99.8%가 버려지고 겨우 0.2%만이 이용된다. 커피 쓰레기가 농장과 매립지에서 썩어가는 동안 수백만 톤의 온실가스가 배출된다.

커피 쓰레기의 주성분은 버섯이 먹고 자라는 셀룰로오스(섬유소)이다. 1990년 홍콩 중문대의 슈팅 창 교수는 버섯 재배에 커피 쓰레기가 활용될 수 있음을 입증했다. 이를 계기로 콜롬비아·짐바브웨·세르비아 등 세계 곳곳에서 커피 쓰레기를 버섯 생산으로 순환하여 식품 생산과 일자리 창출에 성과를 내고 있다. 2010년 군터 파울리가 펴낸 『청색경제The Blue Economy』는 "전 세계 45개국 2,500만 개 커피 농장에서 버섯 재배를 하면 5,000만 개의 일자리가 생긴다"고 썼다.

자연에서는 한 개체의 쓰레기가 다른 개체의 양분과 에너지가 되는 사례가 허다하다. 생태계의 이런 순환 방식에서 영감을 얻은 순환경제circular economy가 국제적 관심사로 떠올랐다.

오늘날 경제는 '수취-제조-처분take-make-dispose'하는 방식, 곧 유용한 자원을 채취해서 제품을 만들고 그 쓰임이 다하면 버리는 3단계 구조로 가동하는 선형경제linear economy이다. 선형경제에서는 자원이 순환되지 않고 모두 쓰레기로 버려질 수밖에 없다.

1970년대에 거론되었으나 오랫동안 아이디어 차원에 머물러 있던 순환경제가 21세기에 접어들면서 선형경제의 대안으로 부각되는 까닭은 전 지구적인 자원 낭비와 환경 파괴 문제를 해결하는 효율적인 접근 방식으로 여겨지기 때문이다. 특히 세계경제포럼(다보스 포럼)에 참여한 기업인 사이에 선형경제의 한계를 우려하는 공감대가 확산되면서 순환경제의 필요성이 제기되었다. 가령 2013년과 2014년 다보스 포럼의 핵심 화두는 순환경제였으며, 올해 6월 유럽연합EU은 재활용 및 재사용 목표를 상향 조정한 순환경제 제안을 발표했다. 이 제안은 유럽 회원국에 2030년까지 도시 쓰레기의 70%, 포장재 폐기물의 80%를 재활용하도록 권고했다.

세계 유수 기업 중에는 순환경제에 동참하여 경쟁력을 배가하는 사례가 한둘이 아니다. 쓰레기를 재활용하는 대표적 기업은 제너럴 모터스와 스타벅스가 손꼽힌다. 제너럴모터스는 자동차 공장 폐기물을 원가 절감과 환경 보호 측면에서 평가하여 재활용한다. 쓰레기 재활용으로 증대되는 매출은 연간 10억 달러나 되는 것으로 추정된다. 스타벅스는 커피 쓰레기의 재활용을 시도한다. 2012년 홍콩 스타벅스에서 커피 찌꺼기로 플라스틱의 원료인 호박산을 생산하는 연구에 착수했다.

스포츠용품을 판매하는 푸마처럼 소비자로부터 중고품을 수거해서 새 물건을 만드는 데 사용하는 기업도 늘어나는 추세이다. 2년 전에 시작된 이 순환제도는 전 세계 푸마 매장의 40%까지 확대된 것으로 알려졌다.

전자제품은 낡은 부품을 새것으로 교체하여 사용할 수 있으므로 이른바 재제조가 가능하다. 순환경제의 세계적인 선두 기업으로 유명한 리코는 1994년부터 복사기를 재제조할 수 있게끔 설계했다. 리코는 낡은 복사기가 수거되면 일부 부품을 교환하여 성능이 향상된 제품으로 다시 판매한다.

한편 구글의 아라 프로젝트Project Ara는 스마트폰 사용자가 오래된 부품을 새것으로 교체하여 직접 조립할 수 있게끔 혁신적인 설계 기법을 채택하고 있다.

순환경제 전문 연구기관인 엘런맥아더재단에 따르면 순환경제로 전환할 경우 세계 경제는 2025년까지 매년 1조 달러의 절감 효과가 기대된다.

순환경제는 역시 자연에서 답을 찾는 청색경제와 함께 우리 기업에도 도전이자 기회가 아닐 수 없다.(2014년 10월 1일)

돈은 선물과 감사의 징표이다

1900년 독일 철학자 게오르크 지멜(1858~1918)이 펴낸『돈의 철학』은 번역서가 1,000쪽을 넘는 묵직한 고전이다. 돈의 속성을 철학적으로 분석한 이 책에서 지멜은 영원히 만날 수 없는 것으로 여겨지는 돈과 영혼을 결합시킨다. 돈은 사람을 그 영혼으로부터 멀어지게 하기도 하지만 영혼으로 돌아가게 하는 매개체가 되기도 한다는 것이다. 지멜의 표현을 빌리면 '돈은 영혼을 지키는 수문장'이다.

그러나 일상생활에서 돈이 영혼을 타락시키는 경우는 비일비재하다. 많은 사람이 돈에 울고, 돈에 웃는 삶을 꾸려나가고 있지 않은가. 돈은 경제활동을 효율적으로 할 수 있게끔 하는 상품 교환의 매개체일 따름이지만, 돈의 위력 앞에서 마음이 흔들리지 않는 사람은 많지 않다.

사람이 돈에 병적으로 집착하는 이유는 돈이 중독성이 강한 마약처럼 마음에 작용하기 때문인 것으로 밝혀졌다. 2006년 영국 엑서터대 심리학자 스티븐 레러는 『행동 및 뇌과학*Behavioral and Brain Sciences*』온라인판 4월 5일자에 발표한 연구 결과에서 사람이 돈에 중독되기 때문에 돈을 벌기 위해 일벌레가 되며, 비정상적으로 돈을 낭비하게 되거나 충동적으로 도박에 빠져든다고 주장했다.

레러는 돈이 니코틴이나 코카인처럼 뇌의 보상체계를 활성화시킬 수 있다고 설명했다. 보상체계는 인류의 지속적 생존을 위하여 필수적인 행동인 식사·섹스·자식 양육 등을 규칙적으로 해나갈 수 있도록 쾌락으로 보상해주는 신경세포 집단이다. 니코틴이나 코카인 같은 중독성 물질은 보상체계가 그것들을 음식이나 섹스처럼 필요 불가결한 것으로 느끼게 만든다. 요컨대 돈이 보상체계를 활성화시키므로 돈이 떨어지면 끼니를 거른 것처럼 고통을 느끼지만 돈만 생기면 곧장 쾌감을 느낀다는 것이다.

이처럼 돈이 단순한 경제 수단이라기보다는 사람의 마음을 흔들어놓는 괴력을 지니고 있으므로 화폐제도의 개념을 재정립할 필요가 있다는 주장도 나온다.

돈의 새로운 개념을 제시한 대표적 인물은 미국 저술가 찰스 아이젠스타인이다. 2011년 7월 펴낸 『신성한 경제학 *Sacred Economics* 』에서 아이젠스타인은 돈을 탐욕·사기·뇌물·부패 따위와 관련된 추악한 것으로 보는 대신에 돈이 선물·기부·공유·나눔 같은 착한 행동을 촉진시키는 측면에 주목할 것을 제안한다.

이를테면 돈을 속된 것에서 신성한 것으로 만드는 대대적인 돈의 혁명을 통해 새로운 개념의 화폐를 창조하고, 이에 따르는 새로운 경제학을 정립해서 인류가 조화로운 삶을 영위하도록 해야 한다는 것이다.

아이젠스타인은 경제학에서 돈의 역사가 원시적 물물교환으로부터 비롯되었다고 전제하는 것은 인류학적 근거가 없는 추측에 불과하다고 주장한다. 그는 "태초에 선물이 있었다. 원형적인 세상의 시작, 우리 삶의 시작, 인류의 시작에 선물이 있었다. 따라서 감사는 뭐라고 정의하기 어려울 만큼 자연스럽고 원초적인 감정"이라고 단언한다.

수렵채집 사회에서 물물교환은 비교적 드문 일이었으며 가장 중요한 경제적 교환 방식은 선물이었다. 초기에 선물경제를 작동시키는 데 굳이 돈이 필요하지 않았지만 사회 규모가 커지면서 선물을 주는 수단으로 돈이 등장한다. 이를테면 돈은 선물과 감사의 징표일 따름이다.

신성한 선물경제에서 파생된 결과였던 돈이 수천 년간 인류 문명을 지배해온 탐욕·이기심·결핍의 경제 체제에 의해 속된 것으로 변하고 만다. 따라서 선물의 매개체로서 돈의 기능을 되찾아 선물의 정신을 세계 경제에 불어넣어야만 수렵채집 시대처럼 인류의 본성과 조화를 이루는 신성한 문명을 건설할 수 있다.

아이젠스타인은 돈에 선물의 신성함을 복원해줄 새로운 경제 체제를 '신성한 경제'라 명명하고, "언젠가는 돈 없이도 수십억 인구 규모의 선물경제를 이룩할 날이 올지도 모른다"고 꿈같은 미래를 설계한다.

어쩌면 이미 선물경제 시대에 접어들었는지도 모른다. 인터넷에서 누구나 수많은 콘텐츠를 공짜로 이용하고 있으니까.(2015년 2월 4일)

아시아의
지속가능한 발전

오는 9월 광주광역시 동구에 자리 잡은 국립아시아문화전당이 문을 연다. 착공 10년 만에 개관하는 아시아문화전당은 1980년 5월 당시 시민군이 계엄군에 맞서 최후의 일전을 벌였던 옛 전남도청

자리에 건립된 국내 최대 규모의 문화시설이다.

문화전당 건물을 설계한 재미 건축가 우규승 씨(74세)는 '빛고을' 광주의 이미지를 공간으로 구현하기 위하여 5·18 당시 시민군이 본부로 사용했던 역사적 장소인 전남도청 본관 일부를 그대로 남겨 두고 주요 시설 대부분은 지하에 배치되게끔 독특한 구조를 고안한 것으로 알려졌다.

아시아 최고 복합문화전시시설을 지향하는 문화전당의 핵심은 아시아문화창조원이다. 인문·과학·예술을 융합한 문화 콘텐츠의 제작을 총괄하는 문화창조원에는 높이 8~16미터의 복합전시관이 6개 마련되었다.

이 전시관에는 물론 5·18의 핵심 가치인 민주·인권·평화를 드러 내는 콘텐츠가 내걸리게 될 것임에 틀림없다. 그러나 아시아문화창 조원의 콘텐츠 제작 책임자가 자주 교체되면서 아직도 9월에 전시 될 콘텐츠 전체 내용이 확정되지 않은 것으로 알려졌다.

이런 상황에서 아시아문화전당의 콘텐츠를 상징하는 키워드로 '지속가능한 아시아Sustainable Asia'를 제안하고 싶다.

1998년 여름 약 4억 명이 사는 중국 양쯔강 유역이 사상 최악의 홍수 피해를 입으면서 중국 연간 쌀 수확 가치를 초과하는 300억 달러의 손실이 발생했다. 2002년 4월 12일 중국의 거대한 먼지폭풍 (황사)이 한반도를 뒤덮어 서울 시민은 숨을 쉬기 어려울 정도였으 며 학교는 문을 닫고 항공기 운항도 취소되었다.

2004년 일본은 열 차례 태풍을 맞아 피해액이 100억 달러에 달했다. 2008년 미국 환경운동가 레스터 브라운이 펴낸『플랜 B 3.0』에 따르면 지구온난화로 해수면이 상승하여 물에 잠길 잠재적 기후난민이 많은 지역은 대부분 아시아에 몰려 있다.

세계적으로 이런 기후난민이 많은 상위 10개 국가에는 1위 중국(1억 4,400만 명)과 2위 인도(6,300만 명), 3위 방글라데시(6,200만 명)에 이어, 베트남(4,300만 명) 인도네시아(4,200만 명) 일본(3,000만 명) 등 아시아 나라가 6개나 포함될 정도이다. 이 밖에도 아시아의 많은 나라가 물 부족, 사막 확장, 서식지 파괴 등 각종 환경문제로 생존을 위협받고 있다.

아시아가 지속가능한 발전을 도모하기 위해서는 무엇보다 자연에서 답을 찾는 새로운 경제 모델을 채택할 필요가 있다. 지속가능성의 핵심은 사람과 자연의 관계 설정에 있기 때문이다. 이를테면 지속가능발전은 자연을 모방하는 경제활동으로 실현될 수 있다. 이런 맥락에서 청색경제와 순환경제를 주목할 만하다. 두 경제 모델 모두 자연을 스승으로 삼고 지속가능한 발전의 해법을 모색하는 공통점이 있지만, 청색경제는 생물체의 창조성과 적응력을 활용하는 측면이 강한 반면, 순환경제는 생태계의 순환 방식에서 영감을 얻어 문제를 해결한다.

청색경제와 순환경제의 근간이 되는 것은 청색기술^{blue technology}이다. 자연 전체가 청색기술의 연구 대상이 되므로 그 범위는 가늠하기 어려울 정도로 깊고 넓다.

21세기 초반부터 청색기술로 만든 자연친화적 물질이 발표되기 시작했다. 이런 물질이 지속가능발전에 크게 기여함은 물론이다. 예컨대 전 세계 늪에 서식하는 완보동물이 극한 환경에서 생존하는 비밀을 밝혀내서 냉동장치 없이 의약품을 보존할 수 있게 되었다. 따라서 전기시설이 없는 개발도상국 아이들에게 백신을 제공하여 생명을 구할 수 있을 뿐만 아니라 냉동시설의 탄소배출량을 감소시키는 효과도 기대된다. 전 세계 냉동시설에서 배출되는 가스가 온실효과에 미치는 영향은 20%나 된다.

나미브사막에 사는 풍뎅이가 안개에서 물을 만들어내는 기술을 모방하면 건조한 지역에서 물을 생산할 수 있을 뿐만 아니라 사막에서 나무가 자라게 할 가능성도 있다.

아무쪼록 국립아시아문화전당이 '지속가능한 아시아'를 표방해서 아시아 젊은이들에게 꿈과 에너지를 안겨주는 세계적 '문화발전소'로 우뚝 서길 기대한다.(2015년 4월 15일)

서울시장의
대동경제론

박원순 서울시장이 5월 13일 광주 전남대 강연에서 "오월 정신을 계승한다면 1980년 광주가 꿈꿨던 대동사회, 대동경제를 실현해갈 수 있다"고 말했다.

대동大同이란 개념은 중국 고전 『예기禮記』「예운편禮運篇」에 처음

나온다. 예^禮의 기원과 운용을 논술한 「예운편」은 "대도^{大道}가 행해
지면 천하에는 공의^{公義}가 구현된다. 현자를 (지도자로) 뽑고 능력 있
는 사람에게 (관직을) 수여하며 신의와 화목을 가르친다. …노인으
로 하여금 (편안한) 여생을 보내게 하며 장년에게는 일할 여건이 보
장되고 어린이는 길러주는 사람이 있으며, (의지할 곳이 없는) 과부와
홀아비를 돌보며 병든 자도 모두 부양받는다. …재화^{財貨}가 땅에 버
려지는 것을 싫어하지만 반드시 자기가 (사적으로) 저장할 필요가 없
다. 스스로 노동하는 것을 싫어하지 않지만, 반드시 자기만을 위해
서 일하지도 않는다. 그러므로 (남을 해치려는) 음모가 생기지도 않고
도적이나 난적^{亂賊}도 발생하지 않는다. 그러므로 (집집마다) 바깥문
을 닫을 필요가 없다. 이런 상태를 대동이라고 한다"고 대동사회를
묘사했다.

대동사회는 무엇보다 모든 구성원이 사회를 위해 노동하고, 생산
된 모든 재화를 평등하게 공유하므로 서로 속이거나 해치는 일이
없이 모두 풍족하고 행복이 충만한 생활을 영위한다. 1990년 『중국
의 유토피아 사상』으로 번역 출간된 『중국대동사상연구』(1985)에 따
르면 대동사회는 고대 중국인들이 꿈꾼 이상사회에 대한 소망을 최
초로 집대성한 개념이다. 따라서 중국에서는 '사람들이 모여서 다
같이 의논하고 다 같이 음식을 먹는다'는 뜻을 지닌 대동이란 단어
로 '이 세상에는 아직 없는 더 좋은 곳'을 의미하는 유토피아 사상
을 나타낸다. 이를테면 대동사회는 중국인들이 상상하는 유토피아
인 셈이다.

『예기』「예운편」에 처음으로 제시된 유토피아 청사진은 "사유제에 기초한 암흑사회의 수천 년 역사 속에서 시종 착취와 압박을 반대하고 부패를 일소해 암흑을 소멸시키고, 사회의 진보와 광명을 쟁취하려는 사람들을 고무하는 한 폭의 빛나는 깃발이 되었다"고 여겨진다.

대동사상은 2,000여 년 동안 중국 사상가와 사회 개혁가에 의해 승계되었음은 물론이다. 예컨대 청나라 말기 개혁가 강유위(1858~1927)는 1884년 27세에 펴낸 『대동서大同書』에서 국가의 경계, 계급차별, 남녀차별, 인종차별, 산업 간 경계, 인간과 짐승의 구별 등 이른바 9계九界를 허물어 모든 차별이 사라진 평등한 세계를 설계했다. 중국 유토피아 사상의 극치를 보여준 대작으로 자리매김한 『대동서』는 "대동을 이루려 한다면 사유재산을 없애야만 가능하다. 따라서 농업·공업·상업은 반드시 공공에 귀속시켜야 한다"고 주장하면서, 가령 제조공장·철도·선박의 공영화를 제안한다. 만민이 평등한 정치공동체를 꿈꾼 강유위 사상은 제자인 양계초(1873~1929)가 펼친 변법자강 운동의 사상적 디딤돌이 되기도 했다.

우리나라는 조선 선조시대에 거의 모든 마을에서 구성원 전체가 참여하는 자치조직인 대동계가 운영되었다. 대동계의 목적은 마을의 복리 증진과 상호 간 부조였다. 따라서 마을 구성원은 대동계 회의에서 누구나 동등한 권한과 책임을 갖고 민주적 의사결정에 참여했으며, 대동계 운영 경비를 마련하기 위해 가구마다 금품을 갹출하여 공동재산을 조성했다. 대동계는 촌락공동체 조직으로 순기능이 많았지만 선조 22년(1589) 정여립 역모사건의 배후로 악용되기도 했다.

박 시장은 이명박·박근혜 보수정권의 경제정책을 비판하면서 서울시의 새로운 경제 패러다임으로 대동경제$^{WE+economics}$를 제시했다. 그는 "일자리 창출과 복지에 투자를 늘리면 국가 성장을 유도할 수 있고 이를 통해 다시 일자리가 더 많이 창출되는 선순환 구조를 만드는 것"이 대동경제라고 설명했다. 박 시장은 "근로자를 나그네가 아닌 주인으로 섬기는" 사회적 경제를 대동경제의 성공 사례로 내세우지만, 서울시의 지속가능발전을 담보하려면 스마트도시기술이나 청색기술 같은 자연친화적 성장동력도 육성되어야 할 것 같다.(2016년 6월 11일)

07

포스트휴먼

비저너리가 인류의 미래를 바꾼다

1위 테슬라모터스, 2위 샤오미, 4위 알리바바, 9위 솔라시티, 12위 구글, 16위 애플, 22위 스페이스X, 29위 페이스북.

미국 매사추세츠공과대^{MIT}의 『격월간 MIT 테크놀로지리뷰』는 해마다 '세계에서 가장 똑똑한 50대 기업'을 선정한다. 7·8월호에 발표된 2015년 50대 기업에는 중국 기업 샤오미와 알리바바가 높은 순위에 들었지만 2014년 포함되었던 삼성(4위)과 LG(46위)는 탈락했다. 2013년 50대 기업에도 끼지 못했던 테슬라는 2014년 2위로 껑충 뛰어올라 2015년 세계에서 가장 똑똑한 기업 1위의 영예를 거머쥐었다.

　테슬라 창업주는 일론 머스크이다. 1971년 남아프리카공화국에서 태어나 불우한 소년 시절을 보낸 머스크는 캐나다를 거쳐 미국으로 건너와 2002년 민간 우주선 개발 업체 스페이스X, 2003년 전기자동차 회사 테슬라, 2006년 태양광패널 업체 솔라시티를 창업했다. 3개 회사가 모두 2015년 '세계에서 가장 똑똑한 50대 기업'에 선정될 정도로 머스크는 혁신적 기업가이자 미래를 설계하는 비저너리visionary임에 틀림없다.

　머스크는 화성에 식민지를 건설하겠다는 어린 시절 꿈을 이루기 위해 스페이스X에서 로켓 개발에 나섰다. 그는 2002년부터 6년간 세 번 실패한 끝에 2008년 처음으로 우주로켓 팰컨Falcon 1호를 쏘아 올리고, 그해 말 미국 항공우주국NASA과 우주 화물 운송 계약 체결에 성공한다. 화물 운송용 로켓인 팰컨 9호를 개발하여 2012년 처음으로 우주를 향해 화물 수송에 나선다. 로켓 개발에는 NASA가 추정한 비용의 10분의 1도 들지 않았다.

　팰컨 9호는 18차례 발사에 성공했으나 2015년 6월 28일 이륙한 지 139초 만에 공중에서 폭발한다. 팰컨 9호 로켓에는 국제우주정거장ISS의 우주인들이 먹을 식료품과 각종 실험 장비가 실려 있었다. 팰컨 9호가 19번째 발사에 실패한 날은 머스크의 44번째 생일이었다.

　머스크는 12월 21일 팰컨 9호가 인공위성을 지구 궤도에 올려놓은 뒤 무사히 지상에 착륙하도록 하는 데 성공했다. 그동안 위성 발사 로켓은 회수가 불가능한 것으로 여겨졌으나 우주 개발 역사상 최초로 스페이스X가 로켓 회수에 성공하여 다시 발사에 사용할 수 있게 된 것이다. 로켓의 재활용으로 발사 비용이 획기적으로 감축될 전망이다.

우주 개발은 머스크처럼 꿈과 상상력으로 미지의 세계에 도전하는 비저너리에 의해 한 발자국씩 앞으로 나아갔음은 물론이다. 러시아의 콘스탄틴 치올코프스키(1857~1935)는 1895년 우주엘리베이터의 개념을 창안했다. 승강기를 타고 하늘을 오르내린다는 것은 터무니없는 발상처럼 여겨졌지만 NASA 기술자들은 우주엘리베이터가 2060년께 건설이 가능할 것으로 낙관하고 있다. 2014년 9월 일본 건설 업체가 2050년까지 우주엘리베이터를 설치할 것이라고 발표하기도 했다.

1903년 로켓에 의한 우주 탐색을 맨 처음 제안한 치올코프스키와 함께 우주공학의 선구자로 손꼽히는 미국의 로버트 고다드(1882~1945)는 1919년 로켓이 우주의 진공 속을 뚫고 달에 착륙할 수 있다는 논문을 발표했다. 그러나 『뉴욕 타임스』는 그의 논문을 신랄하게 비판했다. 그로부터 꼭 50년 뒤인 1969년 7월 20일 우주선 아폴로 11호가 달 착륙에 성공하여 닐 암스트롱(1930~2012)이 달 표면에 발자국을 남겼다. 『뉴욕 타임스』는 즉시 고다드를 혹평했던 기사를 취소하는 사과문을 발표했다. 고다드가 세상을 떠나고 20여 년이 흐른 뒤의 일이다. 고다드처럼 비저너리는 항상 당대 사람들에게 조롱과 멸시의 대상이 되게 마련이다.

머스크는 학창 시절 도전 목표 중 하나로 꼽았던 우주 인터넷을 실현하기 위해 2015년 5월 미국 연방통신위원회FCC에 인터넷을 우주 공간에 구축하는 실험계획 승인요청서를 제출했다. 머스크의 또 다른 목표는 2030년 화성 유인 탐사로 알려졌다.

머스크의 꿈이 몽땅 실현되어 한 사람의 비저너리가 인류의 미래를 얼마나 놀랍게 바꿔놓을 수 있는지 보여주었으면 좋겠다.(2015년 12월 26일)

포스트휴먼이 현생인류 대체한다

현생인류, 곧 호모 사피엔스Homo sapiens의 조상이 네안데르탈인 같은 경쟁자들을 물리치고 지구의 주인이 될 수 있었던 이유에 대해 여러 가설이 제안되었지만 아직 합의된 것은 없다. 현생인류 조상의 뇌가 확대를 거듭해 지능이 발달함에 따라 지구를 정복할 수 있었다는 가설도 있고, 기후변화로 네안데르탈인 등 경쟁자들의 세력이 약해져 반사이익을 얻었다는 설명도 있다.

최근에는 호모 사피엔스가 협동하는 능력을 갖고 있어 지구의 당당한 주인이 되었다는 이론이 주목받고 있다. 미국 인류학자인 커티스 매런 애리조나주립대 교수는 『사이언티픽 아메리칸』 8월호 커버스토리로 실린 글에서 "호모 사피엔스가 관계없는 사람들과 협동하는 성향을 유전적으로 타고났기 때문에 지구를 지배하게 되었다"는 가설을 제안했다.

이스라엘 히브루대 역사학자 유발 하라리 역시 호모 사피엔스가 집단적으로 협력할 줄 아는 유일한 동물이기 때문에 경쟁자를 멸종시켰다고 주장했다.

2014년 9월 퍼낸『사피엔스』에서 하라리는 인류 역사의 진로가 인지혁명, 농업혁명, 과학혁명 등 3대 혁명에 의해 형성되었다고 설명했다. 15만 년 전 동부아프리카에 살고 있던 인류 조상은 변방의 존재에 불과했다. 그러나 7만 년 전 그들은 다른 지역으로 급속히 퍼져나가 경쟁자들을 몰살하기 시작한다. 7만 년 전 시작된 인지혁명으로 마침내 인류 역사가 만들어지게 된 것이다. 하라리는 "인지혁명이란 역사가 스스로 생물학으로부터의 독립을 선언한 지점"이라고 표현했다.

1만 2,000년 전의 농업혁명은 역사의 속도를 빠르게 했고, 불과 500년 전 시작된 과학혁명은 인류는 물론 모든 생명체의 운명에 영향을 미치게 된다. 하라리는『사피엔스』끄트머리에서 "과학기술에 의해 호모 사피엔스가 완전히 다른 존재로 대체되는 시대가 곧 올 것"이라고 전망했다.

그는 유전공학과 사이보그기술에 의해 현생인류를 대체할 미래 인류, 곧 포스트휴먼Posthuman이 등장할 날이 임박했다고 주장했다.

포스트휴먼은 '현존 인간을 근본적으로 넘어서서 현재 우리의 기준으로는 애매모호하게 사람이라 부르기 어려운 인간'이라고 풀이할 수 있다. 포스트휴먼으로는 슈퍼인간과 사이보그가 거론된다.

슈퍼인간은 유전공학의 산물이다. 2020년대가 되면 유전자 치료가 거의 모든 질병을 완치시킬 전망이다. 정자나 난자를 다루는 생식세포 치료의 경우 변화된 유전적 조성이 그 환자의 모든 자손에게 대대로 영향을 미칠 수 있으므로 질병 치료 이상의 의미를 내포한다. 생식세포에서 질병과 관련된 유전자를 제거하는 데 머물지 않고 지능·외모·건강을 개량하는 유전자를 보강할 수 있기 때문이다. 이를테면 맞춤아기designer baby가 생산된다. 2030년대에 설계대로 만들어진 주문형 아기가 출현하면 유전자가 보강된 슈퍼인간과 그렇지 못한 자연인간으로 사회계층이 양극화된다. 슈퍼인간은 자연인간과의 생존경쟁에서 승리하여 그 자손을 퍼뜨려 결국 현생인류와 유전적으로 다른 새로운 종으로 진화될 수 있다.

미래인류의 두 번째 형태는 사이보그이다. 사이보그는 기계와 유기체의 합성물을 뜻한다. 과학기술로 몸과 마음의 기능을 개선시킨 사람들, 이를테면 인공장기를 갖거나 신경보철을 한 사람, 예방접종을 하거나 향정신성 약품을 복용한 사람은 모두 사이보그에 해당한다.

특히 신경공학에 의해 뇌 기능이 향상된 사이보그가 출현할 전망이다. 가령 뇌에 이식된 송·수신장치로 한 사람의 뇌에서 다른 사람의 뇌로 직접 정보가 전달될 수 있다.

과학기술 발달로 머지않아 많은 사람이 사이보그로 변신함에 따라 사람과 기계, 곧 생물과 무생물의 경계가 급속도로 허물어진다. 사람과 기계가 한 몸에 공생하는 사이보그인간은 자연인간을 심신

양면에서 압도적으로 능가할 것이므로 포스트휴먼으로 분류된다.

하라리처럼 호모 사피엔스가 슈퍼인간이나 사이보그인간에게 지구의 주인 자리를 내어놓게 될 운명이라고 주장하는 학자들은 한둘이 아니다.(2015년 9월 2일)

초지능 사회가
올 것인가

미국 전기차 업체 테슬라 창업자 일론 머스크, 영국 물리학자 스티븐 호킹, 마이크로소프트 창업자 빌 게이츠. 이 세 사람은 인공지능의 미래에 대해 우려를 표명하여 언론의 주목을 받았다.

2014년 10월 머스크는 "인공지능 연구는 악마를 소환하는 것과 다름없다"고 말했고, 이어서 호킹은 "인공지능은 인류의 종말을 초래할 수도 있다"고 경고했으며, 2015년 1월 빌 게이츠는 "인공지능기술은 훗날 인류에게 위협이 될 수 있다고 본다"면서 "초지능superintelligence에 대한 우려가 어마어마하게 커질 것"이라고 말했다.

머스크는 영국 옥스퍼드대 철학교수 닉 보스트롬의 저서 『초지능』을 읽고 그런 견해를 피력한 것으로 알려졌다. 2014년 7월 영국에서 출간된 『초지능』에서 보스트롬은 "지능의 거의 모든 영역에서 뛰어난 능력을 가진 사람을 현격하게 능가하는 존재"를 초지능이라고 정의했다.

보스트롬은 기계가 초지능이 되는 방법을 두 가지 제시했다. 하나는 인공일반지능artificial general intelligence이다. 오늘날 인공지능은 전문지식 추론이나 학습 능력 같은 인간 지능의 특정 기능을 기계에 부여하는 수준에 머물고 있을 따름이다. 다시 말해 인간 지능의 모든 기능을 한꺼번에 기계로 수행하는 기술, 곧 인공일반지능은 걸음마도 떼지 못한 정도의 수준이다.

2006년 인공지능이 학문으로 발족한 지 50년 되는 해에 개최된 회의(AI@50)에서 인공지능 전문가를 대상으로 2056년, 곧 인공지능 발족 100주년이 되는 해까지 인공일반지능의 실현 가능성에 대해 설문조사를 했다. 참석자의 18%는 2056년까지, 41%는 2056년이 좀 지난 뒤에 인공일반지능을 가진 기계가 실현된다고 응답했다. 결국 59%는 인공일반지능의 실현 가능성에 손을 들었고, 41%는 기계가 사람처럼 지능을 가질 수 없다고 응답한 것으로 나타났다.

그렇다면 초지능이 먼 훗날에 실현 가능성이 확실하지 않음에도 불구하고 그 위험성부터 경고한 머스크, 호킹, 게이츠의 발언은 적절하지 못한 것이라고 비판받아야 하지 않을는지. 과학을 잘 모르는 일반 대중을 상대로 일부 사회 명사가 과장해서 발언한 내용을 여과 없이 보도하는 해외 언론에도 문제가 없다고 볼 수만은 없는 것 같다.

보스트롬은 기계가 초지능이 되는 두 번째 방법으로 마음 업로딩mind uploading을 제시한다. 사람의 마음을 기계 속으로 옮기는 과정을 마음 업로딩이라고 한다. 1971년 마음 업로딩이 언급된 논문을 최초로 발표한 인물은 미국 생물노화학자 조지 마틴이다. 그는 마음 업로딩을 생명 연장기술로 제안했다. 이를 계기로 '디지털 불멸 digital immortality'이라는 개념이 미래학의 화두가 되었다. 마음 업로딩은 미국 로봇공학자 한스 모라벡이 1988년 펴낸 『마음의 아이들Mind Children』에 의해 대중적 관심사로 부상했다.

모라벡의 시나리오에 따르면 사람 마음이 로봇 속으로 몽땅 이식되어 사람이 말 그대로 로봇으로 바뀌게 된다. 로봇 안에서 사람의 마음은 늙지도 죽지도 않는다. 마음이 사멸하지 않는 사람은 결국 영원한 삶을 누리게 되는 셈이다. 이런 맥락에서 인류의 정신적 유산을 모두 물려받게 되는 로봇, 곧 마음의 아이들이 지구의 주인이 될 것이라고 전망했다.

보스트롬은 『초지능』에서 기계뿐만 아니라 사람도 초지능이 될 수 있다고 주장했다.

그는 인간을 초지능 존재로 만드는 기술로 유전공학과 신경공학을 꼽았다.

유전공학으로 유전자 치료가 가능해짐에 따라 질병과 관련된 유전자를 제거하는 데 머물지 않고 지능을 개량하는 유전자를 보강할 수 있게 되었다. 또한 신경공학의 발달로 뇌 안에 가령 기억 능력을 보강하는 장치를 이식할 수 있으므로 초지능을 갖게 될 것이다.

이처럼 과학기술을 사용하여 사람의 정신적·신체적 능력을 향상시킬 수 있다는 신념을 트랜스휴머니즘transhumanism 이라고 한다.

21세기 후반 초지능 기계와 초지능 인간이 뒤섞이는 트랜스휴먼

사회는 어떤 모습일까.(2015년 11월 11일)

역사학자의
미래인류 전망

세계적인 베스트셀러 저자들이 서울을 다녀갔다. 『사피엔스』의 유발 하라리, 『제3인류』의 베르나르 베르베르, 『나와 세계』의 재레드 다이아몬드, 『로봇의 부상』의 마틴 포드는 강연·인터뷰·대담을 통해 한국 독자들과 교감하면서 저서 판매부수를 끌어올렸다. 이 중에서 언론의 주목을 가장 많이 받은 인물은 하라리가 아닌가 싶다.

이스라엘 태생으로 2002년 영국 옥스퍼드대에서 중세 전쟁사로 박사학위를 받은 하라리는 히브리대 역사학 교수로 재직 중이다. 2011년 이스라엘에서 히브리어로 펴낸 『사피엔스』가 30개 이상 언어로 번역된 베스트셀러가 되면서 세계적 명사 반열에 올랐다.

그는 『사피엔스』에서 인류 역사의 진로가 인지혁명·농업혁명·과학혁명 등 3대 혁명에 의해 형성되었다고 주장하고, 끄트머리에서 "과학기술에 의해 호모 사피엔스가 완전히 다른 존재로 대체되는 시대가 곧 올 것"이라고 전망했다. 총 20장 중에서 19장은 인류의 역사에 할애하고, 마지막 제20장 「호모 사피엔스의 종말」에서 인류의 미래를 아주 짤막하게 언급했을 따름이다. 그런데 하라리는 한국에 와서 인터뷰와 대담을 통해 줄곧 과학기술 발전에 따른 인류의 미래에 대해 이야기했다. 그의 이력을 모르는 사람은 아마도 역사학자가 아니라 미래학자 또는 과학기술자로 착각했을 것이다.

하라리는 제20장에서 인류의 생물학적 진화가 종료되고 과학기술에 의한 진화가 진행될 것이라 전제하고, 그 방법으로 생명공학·사이보그공학·비非유기물공학 등 세 가지를 꼽았다. 미래 인류, 곧 호모 퓨처리스Homo futuris 가 슈퍼인간과 사이보그가 될 것으로 보는 견해는 이미 과학자 사이에서 상식이 된 지 오래이다.

슈퍼인간은 생명공학에 의해 유전자가 보강되는 존재이고, 사이보그는 과학기술에 의해 심신의 기능이 향상되는 사람이다. 이처럼 과학기술로 인간의 정신적·신체적 능력을 향상시킬 수 있다는 아이디어나 신념을 통틀어 인간 능력 향상human enhancement 또는 트랜스휴머니즘transhumanism 이라고 한다.

영국 철학자 닉 보스트롬이 2002년 발표한 「트랜스휴머니스트 선언」은 인류가 생명연장 요법이나 인체 냉동보존술 같은 인간 능력 향상기술에 의해 트랜스휴먼이 될 것이라고 주장한다.

그러니까 하라리는 트랜스휴머니즘 이론가들의 견해를 빌려와서 생명공학과 사이보그공학을 언급했을 따름이다. 그래서 번역판이 출간되기 3개월 전인 2015년 9월 2일자 이 칼럼에 『사피엔스』를 소개하면서, "하라리처럼 호모 사피엔스가 슈퍼인간이나 사이보그인간에게 지구의 주인 자리를 내어놓게 될 운명이라고 주장하는 학자들은 한둘이 아니다"고 토를 달았던 것이다.

게다가 미래 인류에 영향을 미칠 제3의 방법으로 언급된 비유기물공학은 다소 생뚱맞고 오류에 가깝다는 지적을 하지 않을 수 없다. 왜냐하면 사례로 소개된 유전 프로그래밍GP: genetic programming, 컴퓨터 바이러스, 블루 브레인 프로젝트Blue Brain Project는 인류의 미래보다는 기계의 기능 향상에 관련된 기술이기 때문이다.

유전 프로그래밍은 생물의 진화 과정을 이용하여 컴퓨터 프로그램에 진화하는 기능을 부여하는 기법이며, 컴퓨터 바이러스는 자기 복제 프로그램의 대표적인 보기이다. 유전 프로그래밍과 컴퓨터 바이러스는 인공생명artificial life의 핵심이다. 인공생명은 한마디로 '생물체처럼 자식을 낳고 진화하는 기계'를 만드는 컴퓨터 과학이다.

한편 블루 브레인 프로젝트는 스위스 계산신경과학자 헨리 마크램이 컴퓨터로 뇌를 본뜨는 연구인데, 2013년 '인간 뇌 프로젝트 HBP: Human Brain Project'로 발전했다.

하라리가 제20장에 인공생명, 마크램, 인간 뇌 프로젝트를 언급하지 않은 이유가 궁금하다. 서울에 나타난 40세 역사학자의 입을 통해 미래 인류에 관한 이야기를 들으면서 박수를 아끼지 않는 일부 청중이나 독자가 기대한 만큼 공감할 수 있었는지 잘 모르겠다.(2016년 5월 28일)

특이점 시대의
비즈니스를 꿈꾼다

손정의 소프트뱅크 회장이 최근 미국 실리콘밸리에서 "기계 지능이 사람 지능을 넘어서는 '특이점singularity'이 다가오고 있다"면서 특이점을 미래 사업 구상의 핵심 개념으로 제시하여 화제가 되었다. 미래학자들도 의견이 분분한 전문용어가 사업가의 입에서 튀어나와 다소 생뚱맞은 느낌이 없지 않았지만 역시 손정의 회장다운 담대한 경영 목표 설정이라는 평가가 우세했다.

사전을 보면 특이점은 '특별히 다른 점singular point'을 의미하지만 과학기술 분야에서는 전혀 다른 뜻으로 사용된다. 천체물리학에서 특이점은 빅뱅 및 빅크런치와 관련되어 있다.

빅뱅big bang은 우주 탄생의 근원이 되는 대규모 폭발 사건이다. 우주의 초기에는 한 점으로부터 출발하여 모든 것이 생성되었는데, 이 작은 점을 특이점이라 한다.

한편 빅크런치big crunch는 빅뱅이 거꾸로 진행되는 과정과 비슷하다. 우주는 대폭발(빅뱅) 속에 존재를 나타냈듯이 대압축(빅크런치) 속에 소멸될 것이다. 빅크런치는 우주가 도달할 수 있는 종말 가운데 하나로서 공간이 스스로 수축되어 하나의 점으로 붕괴한다. 다시 말해 빅크런치는 아무것도 남겨지지 않는 완벽한 소멸이다. 모든 것이 사라지고 마지막으로 하나의 특이점만 남을 것이다.

컴퓨터 기술에서 특이점은 기계가 매우 영리해져서 지구에서 인류 대신 주인 노릇을 하게 되는 미래의 어느 시점을 가리킨다.

1993년 미국의 수학자이자 과학소설 작가인 버너 빈지는 「다가오는 기술적 특이점-포스트휴먼 시대에 살아남는 방법」이라는 논문을 발표하고 인간을 초월하는 기계가 출현하는 시기를 처음으로 특이점이라고 명명했다. 빈지는 생명공학·신경공학·정보기술의 발달로 2030년 이전에 특이점을 지나게 될 것이라고 전망했다.

미국 로봇공학 전문가 한스 모라벡은 1988년 펴낸 『마음의 아이들Mind Children』과 1999년 출간된 『로봇Robot』에서 2050년 이후 지구의 주인은 인류에서 로봇으로 바뀐다고 주장했다. 모라벡은 이러한 로봇이 인류의 정신적 유산을 물려받게 될 것이므로 일종의 자식이라는 의미에서 '마음의 아이들'이라고 명명했다.

특히 『마음의 아이들』에서 모라벡은 마음 업로딩mind uploading 시나리오를 제시하여 세계적 명사의 반열에 올랐다. 뇌 속에 들어 있는 사람의 마음을 로봇과 같은 기계장치 안으로 옮기는 과정을 마음 업로딩이라고 한다.

미국 컴퓨터 이론가 레이 커즈와일은 2005년 펴낸 『특이점이 다가온다The Singularity is Near』에서 2030년 전후에 지능 면에서 기계와 인간 사이의 구별이 사라지게 될 것이라고 전망했다. 커즈와일은 '특이점의 성경'으로 자리매김한 이 책에서 "특이점 이후post-singularity에는 인간과 기계 사이에, 또는 물리적 현실과 가상현실 사이에 구분이 사라질 것이다. 그때에도 변하지 않고 존재하는 인간성이란 게 있을까?"라고 질문을 던진다.

호주 철학자 데이비드 찰머스는 2010년『의식연구 저널 *Journal of Consciousness Studies*』에 기고한 논문에서 특이점에 관한 논의를 집대성하고 특이점이 도래한 이후 인간과 기계 사이의 관계에 대해 의견을 개진한다.

영국 철학자 닉 보스트롬은 2014년 7월 출간된『초지능 *Superintelligence*』에서 "지능의 거의 모든 영역에서 뛰어난 능력을 가진 사람을 현격하게 능가하는 존재"를 초지능이라 정의하고, 기계가 초지능이 되는 방법을 제시했다.

2015년 11월 11일자 이 칼럼에서 소개한 바와 같이 기계가 특이점을 통과하는 방법은 두 가지이다.

하나는 마음 업로딩이고, 다른 하나는 인간 지능의 모든 기능을 한꺼번에 기계로 수행하는 기술, 곧 인공일반지능 *artificial general intelligence* 이다. 2050년대에 인공일반지능이 실현될 것으로 보는 견해가 지배적이다.

손정의 회장의 특이점 사업 구상이 궁금한 경영인이라면 이달 초 미국에서 출간된『특이점』(438쪽)에 관심을 가질 만하다. 찰머스 등 11개 학문 분야 전문가 26명의 글이 실려 있다.(2016년 11월 26일)

제3부
·
미래기술 문제작
해제

우리는 뇌세포와 뇌의 구조가 잘 보존되는 한, 심장 박동이나 호흡이 멈춘 뒤
아무리 오랜 시간이 흘러도 그 사람을 살려낼 수 있다고 믿는다.
죽음이란 제대로 보존되지 못해 다시 태어날 수 없는 상태일 뿐이다.

나노기술이 세상을 바꾼다

나노기술은 아직 존재하지 않는다.
왜냐하면 아직 분자 어셈블러가 존재하지 않기 때문이다.
-K. 에릭 드렉슬러

1

1959년 12월 어느 날. 미국 물리학회에서 40대 초반의 대학 교수가 '바닥에는 풍부한 공간이 있다'는 제목의 강연을 하고 있었다. 연사는 1965년 양자역학 연구로 노벨상을 받게 되는 리처드 파인만(1918~1988). 그는 분자의 세계가 특정한 임무를 수행하는 모든 종류의 매우 작은 구조물을 만들어 세울 수 있는 건물 터가 될 것이라고 예언했다. 분자 크기의 기계, 곧 분자 기계의 개발을 제안한 것이다. 그러나 참석자들은 대부분 농담으로 받아들였다.

1992년 6월 어느 날. 미국 상원의 소위원회에서 30대 후반의 감정인이 나노기술nanotechnology에 대해 앨 고어 의원과 열띤 일문일

답을 하고 있었다. 감정인은 나노기술 이론가인 K. 에릭 드렉슬러 (1955~). 그는 미국의 정책 입안자들이 나노기술에 관심을 가져줄 것을 당부했다. 앨 고어는 그로부터 5개월 남짓 뒤에 부통령의 자리에 올랐다.

2000년 1월 어느 날. 미국의 빌 클린턴 대통령은 5억 달러가 투입되는 국가나노기술계획NNI을 발표하면서 "나노기술은 트랜지스터와 인터넷이 정보시대를 개막한 것과 같은 방식으로 21세기에 혁명을 일으킬 것"이라고 말했다. 그는 나노기술을 '미국 의회 도서관에 저장된 모든 정보를 한 개의 각설탕 크기 장치에 집어넣을 수 있는 기술'이라고 설명했다.

극미한 분자 세계를 우주의 공간처럼 광대한 영역으로 상상한 파인만의 선견지명은 실로 놀라운 것이었다. 파인만의 아이디어가 훗날 분자기술molecular technology로 구체화되었기 때문이다. 분자기술은 분자 하나하나를 조종하여 물질의 구조를 제어하는 기술이다. 분자는 나노미터(10억분의 1미터)로 측정된다. 따라서 1986년 펴낸『창조의 엔진Engines of Creation』에서 드렉슬러는 분자기술 대신에 나노기술이라는 용어를 만들어냈다. 파인만이 나노기술의 아버지라면 드렉슬러는 그 산파역인 셈이다.

드렉슬러의 나노기술 이론은 시대를 너무 앞선 것이었기 때문에 과학기술자들로부터 몽상가로 따돌림을 당할 정도였다. 1970년대에 매사추세츠공과대학의 학생이었던 그는 파인만의 연설 내용처럼 원자나 분자를 조작해서 새로운 물질을 만들어내는 기술을 꿈꾸었다.

그의 생각이 담긴 박사 논문은 너무 선구적이었으므로 아무도 그의 논문 지도를 맡으려 하지 않았다. 만일 인공지능의 대가인 마빈 민스키(1927~)가 그의 지도 교수가 되지 않았더라면 그의 논문은 빛을 보지 못했을는지 모른다. 그의 박사 논문을 다듬어서 펴낸 책이 나노기술에 관한 최초의 저술로 자리매김한『창조의 엔진』이다.

나노기술에 대해 모든 과학자들이 동의하는 정의는 아직 내려진 것이 없다. 나노기술이 초기 단계일 뿐만 아니라 여러 분야의 과학자들이 다양한 방법으로 나노기술에 접근하고 있기 때문이다.

나노기술에 대한 정의로는 미국과학재단^NSF에서 국가나노기술 계획 수립을 주도한 미하일 로코가 내린 정의가 널리 인용된다. 그는 나노기술이란 '1~100나노미터 크기의 물질을 다루는 것'이라고 정의했다.

나노기술은 드렉슬러가 비웃음의 대상이 될 정도로 오랫동안 과학기술자들의 주목을 끌지 못했지만 오늘날 너도 나도 나노기술을 입에 올릴 만큼 21세기의 핵심기술로 주목을 받기에 이르렀다. 나노기술의 기초가 되는 연구 성과에 노벨상이 여러 차례 수여된 것만 보아도 나노기술의 가능성을 미루어 짐작할 수 있다.

1986년 노벨물리학상은 독일의 물리학자인 게르트 비니히(1947~)와 스위스의 물리학자인 하인리히 로러(1933~)에게 돌아갔다. 이들은 1981년 주사 터널링 현미경^scanning tunneling microscope을 발명한 업적을 인정받은 것이다. 1996년 노벨화학상은 풀러렌^fullerene을 발견한 세 명의 화학자에게 수여되었다. 미국의 리처드 스몰리(1943~2005)

등은 1985년 다이아몬드와 흑연에 이어 세 번째 탄소 분자 결정제인 풀러렌을 발견했다. 2010년 노벨물리학상은 영국의 안드레 가임(1958~)과 콘스탄틴 노보셀로프(1974~)에게 주어졌다. 사제지간인 두 사람은 2004년 그래핀graphene을 최초로 발견한 공로를 인정받았다. 1991년 탄소나노튜브carbon nanotube를 발견한 일본의 재료공학자인 이지마 스미오(1939~)도 노벨상을 받을 가능성이 큰 것으로 여겨진다. 탄소나노튜브 연구에 업적을 남긴 서울대학교의 임지순(1951~) 교수도 함께 수상하게 될지 궁금하지 않을 수 없다.

2

나노기술의 궁극적인 목표는 무엇인가? 드렉슬러는 『창조의 엔진』에서 분자 어셈블러assembler: 조립 기계를 개발하는 것이라고 주장했다. 어셈블러는 '원자들을 한번에 조금씩 큰 분자의 표면에 부착시켜 거의 안정적인 형태로 원자들을 결합하는' 나노기계이다. 이를테면 어셈블러는 적절한 원자를 찾아내서 적절한 위치에 옮겨놓을수 있는 분자 수준의 조립 기계이다.

1991년 펴낸 두 번째 저서이자 그의 아내와 함께 집필한『무한한미래Unbounding the Future』에서 드렉슬러는 최초의 어셈블러가 모습을 나타내게 될 때에 비로소 나노기술의 시대가 개막되는 것이라고 전제하면서, 나노기술이 특별히 충격을 줄 분야로 제조 분야와 의학을 꼽았다.

어셈블러가 대량으로 보급되면 제조산업에 혁명적인 변화가 올 가능성이 크다. 오늘날 우리가 물건을 만드는 방식은 원자를 덩어리로 움직인다. 그러나 어셈블러는 원자 하나하나까지 설계 명세서에 따라 만들 수 있으므로 물질의 구조를 완벽하게 통제할 수 있다. 드렉슬러는 다수의 어셈블러가 함께 작업하여 모든 제품을 생산하는 미래의 제조 방식을 분자 제조molecular manufacturing라고 명명했다.

분자 제조기술이 산업에 미칠 영향은 한두 가지가 아닐 터이다. 먼저 어셈블러로 원자 수준까지 물질의 구조를 제어하기 때문에 우리가 상상할 수 없을 정도로 다양하고 새로운 제품을 만들 수 있다는 것이다. 또한 고장이 극히 적은 양질의 제품 생산이 가능할 듯하다. 제품에 고장이 발생하려면 수많은 원자가 제자리를 벗어나야 한다. 그러나 어셈블러로는 제품의 설계와 생산 공정에서 원자 하나하나를 완전무결하게 통제하기 때문에 신뢰성이 높은 제품의 출하가 기대된다는 것이다.

드렉슬러는 2012년 9월에 출간될 예정인 저서 『급진적 풍요Radical Abundance』의 초고에서 이러한 제조 방식을 '원자 정밀 제조APM: atomically precise manufacturing'라고 명명했다. 나노기술의 발전에 따라 생산 방식이 APM으로 바뀌게 되면 물질문명에 혁명적 변화가 일어나서 인류사회가 풍요를 누리게 될 것이라고 주장한다.

나노기술의 활용이 기대되는 또 다른 분야는 나노의학nanomedicine이다. 인체의 질병은 대개 나노미터 수준에서 발생한다. 바이러스는 가공할 만한 나노기계라 할 수 있기 때문이다. 이러한 나노기계를 인공의 나노기계로 물리치는 방법 말고는 더 효과적인 전략이 없다는 생각이 나노의학의 출발점이다.

바이러스와 싸우는 나노기계는 잠수함처럼 행동하는 로봇이다. 이 로봇의 내부에는 병원균을 찾아내서 파괴하도록 프로그램되어 있는 나노 컴퓨터가 들어 있으며 모든 목표물의 모양을 식별하는 나노센서가 부착되어 있다. 혈류를 통해 항해하는 나노로봇은 나노센서로부터 정보를 받으면 나노 컴퓨터에 저장된 병원균의 자료와 비교한 다음에 병원균으로 판단되는 즉시 이를 격멸한다. 인체의 면역계와 진배없는 장치이다.

한편 세포 수복 기계cell repair machine라 불리는 나노로봇은 세포 안으로 들어가서 마치 자동차 정비공처럼 손상된 세포를 수리한다. 이와 같이 이론적으로는 나노의학이 치료할 수 없는 질병이 거의 없어 보인다. 어쩌면 인간의 굴레인 노화와 죽음까지 미연에 방지할 수 있을지 모를 일이다.

드렉슬러는 이런 맥락에서 나노기술이 우리가 물질을 다루는 방법을 바꾸는 데 그치지 않고 사회의 모든 부분에서 혁명적 변화를 초래할 것이라고 주장했다.

드렉슬러가 상상한 대로 나노기술이 발전하지 않는다손 치더라도 그의 업적은 결코 과소평가될 수 없다. 그의 역할은 과학자들이 나노기술을 거들떠보지도 않을 때 나노기술의 중요성을 줄기차게 강조함으로써 나노기술 시대의 개막을 앞당긴 것으로 충분하기 때문이다.

3

드렉슬러의 나노기술 이론이 모든 과학자로부터 전폭적인 지지를 받고 있는 것은 아니다. 특히 분자 어셈블러의 개념과 실현 가능성을 놓고 비판이 제기되었다.

드렉슬러에 따르면 최초의 어셈블러가 가장 먼저 할 일은 바로 자신과 똑같은 또 다른 어셈블러를 만들어내는 일이다. 어셈블러는 이른바 자기복제 기능을 가진 분자 기계인 셈이다.

어셈블러의 개념에 심각한 오류가 있다고 반론을 제기한 대표적인 인물은 리처드 스몰리이다. 2001년 미국의 월간 과학 잡지인 『사이언티픽 아메리칸』 9월호에 기고한 글에서 스몰리는 어셈블러를 조목조목 비판했다. 그는 먼저 어셈블러로 물건을 조립할 때 소요되는 시간을 문제 삼았다.

"최근 몇 년간, 원자 단위로 사물을 조정하고 구성하는, 때로는 어셈블러라고 부르는 아주 작은 로봇을 상상하게 되었다. 한 개의 어셈블러를 상상해보자. 이 가상의 나노로봇은 격렬하게 작업하면서 많은 원자 결합을 새로 만들어낼 것이다. 이 나노로봇은 할당된 일을 하면서 아마도 1초마다 10억 개의 새로운 원자를 바라는 대로 구조물 속에 배치할 것이다. 그러나 비록 빠른 속도라 할지라도 이 정도의 속도는 분자 제조 공장의 운영에서는 실질적으로 무의미한 것이다. 한 개의 나노로봇이 아주 작은 양의 생산품 하나를 만들어내는 데도 수백만 년이 걸리기 때문이다. 그런 나노로봇 어셈블러는 비록 과학적으로 매우 흥미롭긴 하지만 거시적인 현실 세계에서는 그 자체로는 그다지 많은 것을 만들어낼 수 없을 것이다."

스몰리는 드렉슬러의 어셈블러가 기능을 수행하려면 원자를 하나씩 집어 들고 원하는 위치에 삽입시키는 손가락(조작 장치)이 달려 있어야 한다고 가정하고, 손가락에 관련된 문제를 제기했다.

"나노로봇에 의해 제어되는 공간의 한 면이 1나노미터 정도밖에 되지 않는 아주 작디작은 장소라는 사실을 기억하기 바란다. 이런 공간의 제약으로 적어도 두 가지 어려움이 기본적으로 발생한다. 나는 이 문제를 하나는 '굵다란 손가락fat fingers' 문제, 다른 하나는 '끈끈한 손가락sticky fingers' 문제라고 부른다."

스몰리는 어셈블러에 5~10개 정도의 손가락이 달려 있어야 그 기능을 수행할 수 있을 것이라고 전제하고, 그만한 수의 손가락을 빽빽하게 달아놓을 수 있을지 의심스럽다고 반박했다. 원자를 집어내거나 붙잡고 있는 조작 장치(손가락)는 원자로 만들어야 하기 때문에 더 이상 축소가 불가능하다. 그런데 어셈블러가 작업을 하는 1나노미터 정도의 공간은 5~10개의 손가락을 모두 수용할 만큼 여유가 있는 것이 아니다. 가장 뭉뚝한 손가락으로 작은 부품들을 하나씩 옮겨서 손목시계를 조립하는 것이 쉽지 않듯이 어셈블러가 작업하는 공간의 크기에 비해 손가락이 너무 굵어서 분자 조립이 불가능할 것이라는 의미이다.

스몰리는 어셈블러의 손가락이 끈끈한 것도 문제라고 주장한다. 원자들이 일단 손가락에 달라붙으면 잘 떨어지지 않을 것이므로 원자를 원하는 자리에 위치시키는 일은 쉽지 않을 것이다. 마치 엿을 묻힌 손가락으로 손목시계를 조립하는 일이 불가능한 것처럼 어셈블러의 손가락으로 원자를 옮기는 작업도 불가능할 것이라는 뜻이다.

스몰리는 두 가지의 손가락 문제는 근본적이며 피할 수 없는 문제라고 강조했다. 스몰리의 노골적인 공격에 대해 드렉슬러가 가만있을 리 만무하다. 2003년 드렉슬러는 어셈블러에 대한 스몰리의 비판에 대해 공개 답장 형식으로 반론을 폈다. 그는 자연에 존재하는 분자 조립 기계인 리보솜^{ribosome}을 예로 들면서 분자 어셈블러가 불가능하지 않다고 주장했다. 2003년에 두 사람은 세 차례 더 의견을 주고받았다. 하지만 두 사람은 더 이상 논쟁을 펼칠 수 없게 되었다. 2005년 스몰리가 세상을 떠났기 때문이다.

두 사람이 주고받은 논쟁의 내용은 2006년 드렉슬러가 『창조의 엔진』 출간 20주년을 기념하기 위해 전자책으로 펴낸 『창조의 엔진 2.0』에 「부록」으로 수록되어 있다. 이 전자책에서 드렉슬러는 분자 어셈블러가 아직 개발되지 않았기 때문에 나노기술이 존재한다고 말할 수 없다고 주장하기도 했다.

드렉슬러의 어셈블러 개념을 공개적으로 지지하는 과학자들도 적지 않다. 대표적인 인물은 미국의 컴퓨터 이론가인 빌 조이(1954~)이다. 2000년 4월 세계적 반향을 불러일으킨 논문인 「왜 우리는 미래에 필요 없는 존재가 될 것인가 Why the Future Doesn't Need Us」에서 조이는 분자 어셈블러 개념에 전폭적인 공감을 나타내고, 자기복제하는 나노로봇이 지구 전체를 뒤덮는 그레이 구gray goo: 잿빛 덩어리 상태가 되면 인류는 최후의 날을 맞게 될지 모른다고 주장했다.

미국의 컴퓨터 이론가이자 미래학자인 레이 커즈와일(1948~)도 드렉슬러를 지지한다. 2005년 펴낸 『특이점이 다가온다 The Singularity is Near』에서 커즈와일은 다음과 같이 어셈블러에 대한 기대를 표명했다.

"2020년대가 되면 분자 어셈블러가 현실에 등장하여 가난을 일소하고, 환경을 정화하고, 질병을 극복하고, 수명을 연장하는 등 수많은 유익한 활동의 효과적인 수단으로 자리 잡을 것이다."

미국의 물리학자이자 과학저술가인 미치오 카쿠(1947~) 역시 어셈블러의 실현 가능성 쪽에 손을 들어주었다. 2011년 3월 출간된 『미래의 물리학 Physics of the Future』에서 분자 어셈블러는 어떠한 물리학 법칙도 거스르지 않기 때문에 만들어낼 수는 있을 테지만 그 실현

시기는 예측이 쉽지 않다고 단서를 달았다. 미치오 카쿠는 2070년에서 2100년 사이에 어셈블러가 나타날지 모른다고 다소 소극적인 전망을 피력했다.

어쨌거나 드렉슬러와 스몰리의 논쟁은 시간이 가면 판가름 날 것이다. 나는 어느 편인가 하면 스몰리보다 드렉슬러를 지지하고 싶다. 왜냐하면 인간의 꿈과 상상력이 실현되는 것처럼 신나는 일은 없을 테니까.

─『창조의 엔진』, 에릭 드렉슬러, 김영사, 2011.

02
로보 사피엔스가 몰려온다

로봇이 지구를 물려받을 것인가? 그렇다.
그러나 그들은 우리들의 자식일 것이다.
-마빈 민스키

1

로봇의 미래를 전망한 저서 중에서 『마음의 아이들*Mind Children*』만큼 자주 거론되는 것도 드물다. 1988년 펴낸 이 책 한 권으로 한스 모라벡(1948~)은 일약 세계적인 로봇 이론가의 반열에 올랐다.

『마음의 아이들』이 로봇공학의 고전이 된 까닭은 21세기 후반에 인간보다 지능이 뛰어난 로봇이 지배하는 '후기생물*postbiological* 사회'가 도래할 것이라는 대담하고 충격적인 주장을 펼쳤기 때문이다.

모라벡은 로봇기술의 발달 과정을 생물 진화에 견주어 설명했다. 그의 아이디어는 1999년 출간된 두 번째 저서인 『로봇*Robot*』에 구체화되어 있다.

모라벡에 따르면 20세기 로봇은 곤충 수준의 지능을 갖고 있지만, 21세기에는 10년마다 세대가 바뀔 정도로 지능이 향상될 전망이다. 이를테면 2010년까지 1세대, 2020년까지 2세대, 2030년까지 3세대, 2040년까지 4세대 로봇이 개발될 것 같다.

먼저 1세대 로봇은 동물로 치면 도마뱀 정도의 지능을 갖는다. 20세기의 로봇보다 30배 정도 똑똑한 로봇이다. 크기와 모양은 사람처럼 생겼으며, 용도에 따라 다니는 두 개에서 여섯 개까지 사용 가능하다. 물론 바퀴가 달린 것도 있다.

평평한 지면뿐만 아니라 거친 땅이나 계단을 돌아다닐 수 있고, 대부분의 물체를 다룰 수 있다. 집안에서 목욕탕을 청소하거나 잔디를 손질하고, 공장에서 기계 부품을 조립하는 일을 척척 해낸다. 맛있는 요리를 할 수 있을 테고, 테러범이 숨겨놓은 폭탄을 찾아내는 임무도 잘 수행할 것이다.

2020년까지 나타날 2세대 로봇은 1세대보다 성능이 30배 뛰어나며 생쥐 정도로 영리하다. 1세대와 다른 점은 스스로 학습하는 능력을 갖고 있다는 것이다. 가령 부엌에서 요리할 때 1세대 로봇은 한쪽 팔꿈치가 식탁에 부딪히더라도 다른 행동을 취하지 못하고 미련스럽게 계속 부딪힌다. 그러나 2세대 로봇은 팔꿈치를 서너 번 부딪히는 동안 다른 손을 사용해야 한다고 판단하게 된다. 주위 환경에 맞추어 스스로 적응하는 능력을 보유하고 있기 때문이다.

3세대 로봇은 원숭이만큼 머리가 좋고 2세대 로봇보다 30배 뛰어나다. 주변 환경에 대한 정보와 함께 그 안에서 자신이 어떻게 행동하는 것이 좋은지를 판단할 수 있는 소프트웨어를 갖고 있다. 요컨 대 어떤 행동을 취하기 전에 생각하는 능력이 있다. 부엌에서 요리 를 시작하기 전에 3세대 로봇은 여러 차례 머릿속으로 연습을 해본 다. 2세대는 팔꿈치를 식탁에 부딪힌 다음에 대책을 세우지만, 3세 대 로봇은 미리 충동을 피하는 방법을 궁리한다는 뜻이다.

2040년까지 개발될 4세대 로봇은 20세기의 로봇보다 성능이 100만 배 이상 뛰어나고 3세대보다 30배 똑똑하다. 이 세상에서 원 숭이보다 30배가량 머리가 좋은 동물은 다름 아닌 사람이다. 말하 자면 사람처럼 보고 말하고 행동하는 기계인 셈이다.

일단 4세대 로봇이 출현하면 놀라운 속도로 인간의 능력을 추월 하기 시작할 것이다. 모라벡에 따르면 2050년 이후 지구의 주인은 인류에서 로봇으로 바뀌게 된다. 이 로봇은 소프트웨어로 만든 인 류의 정신적 자산, 곧 지식·문화·가치관을 송두리째 물려받아 다음 세대로 넘겨줄 것이므로 자식이라 할 수 있다. 모라벡은 이러한 로 봇을 '마음의 아이들mind children'이라 부른다.

인류의 미래가 사람의 몸에서 태어난 혈육보다 사람의 마음을 물 려받은 기계, 곧 마음의 아이들에 의해 발전되고 계승될 것이라는 모라벡의 주장은 실로 충격적이지 않을 수 없다. 그럼에도 모라벡 의 아이디어는 적지 않은 학자들의 지지를 받고 있다. 예컨대 인공 지능 이론의 선구자인 미국의 마빈 민스키(1927~)는 1994년 미국 과학 월간지『사이언티픽 아메리칸』10월호에「로봇이 지구를 물려 받을 것인가?Will Robots Inherit the Earth?」라는 제목의 글을 발표하고, 모라벡에게 전폭적으로 공감하는 의견을 개진했다.

21세기 후반, 사람보다 훨씬 영리한 기계인 로보 사피엔스Robo sapiens가 지구의 주인 노릇을 하는 세상은 어떤 모습일까. 아마도 사람은 없어도 되지만 로봇이 없으면 돌아가지 않는 세상이 될는지 누가 알랴.

2

로봇공학의 발전을 극적으로 보여주는 사례는 미국 국방부(펜타곤)가 개최한 로봇 자동차 경주 대회이다. 로봇 자동차는 펜타곤이 심혈을 기울여 개발하는 '무인지상차량AGV: autonomous ground vehicle'이다. 1985년부터 개발된 AGV는 싸움터에서 사람의 도움을 전혀 받지 않고 자율적으로 굴러다니면서 스스로 정찰 임무를 수행하고, 장애물을 피해 나가면서 목표물을 공격하는 로봇 자동차이다.

펜타곤은 로봇 자동차의 개발을 지원하고 독려하기 위해 '다르파 위대한 도전DARPA Ground Challenge' 대회를 세 차례 열었다. 펜타곤의 다르파(방위고등연구기획국)는 전쟁에 필요한 첨단기술 연구를 기획하고 민간 기관에 자금을 지원하는 기구이다.

2004년 3월 13일 열린 첫 번째 대회의 출전 자격은 스스로 상황을 판단하여 속도와 방향을 결정할 뿐만 아니라 장애물을 피해 갈줄 아는 무인차량에만 주어졌다. 미국 서부의 사막에서 483킬로미터를 열 시간 안에 완주하는 무인차량에는 우승 상금 100만 달러가 수여될 예정이었다. 상세한 코스는 대회 시작 두 시간 전에 공개되었다. 25종의 로봇 자동차가 출전했으나 결승전을 통과하기는커녕 코스의 5% 이상을 내달린 차량조차 나타나지 않았다.

2005년 10월 8일 다시 열린 두 번째 대회는 미국 서부의 사막에서 열 시간 안에 212킬로미터를 횡단하는 경주였다. 우승 상금은 200만 달러로 올랐다. 23종의 로봇 자동차가 출전하여 무려 다섯 대가 결승선에 도착했다. 우승은 평균 시속 30.7킬로미터로 여섯 시간 54분 만에 완주한 차량에게 돌아갔다.

2007년 11월 3일 열린 세 번째 대회는 특별히 '다르파 도시 도전 Urban Challenge'이라고 명명되었으며, 그 무대를 사막에서 대도시로 옮겼다. 무인자동차들은 도시를 흉내 내서 만든 96킬로미터(60마일) 구간을 여섯 시간 안에 완주해야 했다. 실제 도로처럼 코스에는 건물과 가로수 등 장애물이 나타났는데, 다른 차량들과 뒤섞여 교통신호에 따라 주행하면서 제한속도를 지키는 등 교통법규도 준수하고 잠깐 동안 주차장에도 들어가야 했다. 사람이 거리에서 차를 운전할 때와 거의 똑같은 조건이 주어진 것이다. 35개 차량이 예선전을 치렀으며 상금도 3등까지 수여되어 경쟁이 치열했다. 우승자는 200만 달러, 2등은 100만 달러, 3등은 50만 달러를 받게 되었다. 여섯 대가 완주에 성공하여 사람이 운전대를 잡지 않은 승용차가 거리를 누빌 날도 머지않았음을 예고하는 듯했다.

한편 2008년 4월 미국 국가정보위원회NIC가 작성하여 버락 오바마 미국 대통령이 취임 직후 일독해야 할 보고서로 제출된 바 있는 「2025년 세계적 추세^{Global Trends 2025}」에는 미국의 국가 경쟁력에 파급효과가 막대할 것으로 보이는 '현상파괴적 민간기술^{disruptive civil technology}' 여섯 가지가 선정되어 있는데, 로봇도 포함되어 있다. 이 「보고서」에는 로봇기술의 주요 일정이 다음과 같이 명시되어 있다.

2014년: 로봇이 전투상황에서 군인과 함께 싸운다(무인지상차량, 곧 로봇 병사가 적에게 사격을 가한다).

2020년: 손을 사용하지 않고 생각 신호^{thought signal}만으로 조종되는 무인차량이 군사작전에 투입된다.

2025년: 완전자율 로봇이 처음으로 현장에서 활약한다.

이 「보고서」만 보더라도 2050년경에 사람처럼 생각하고 움직이는 로봇이 나타날 것이라는 모라벡의 예측이 결코 허무맹랑한 것이 아님을 미루어 짐작할 수 있다.

3

21세기 후반에 호모 사피엔스(지혜를 가진 인류)와 로보 사피엔스(지혜를 가진 로봇)가 맺게 될 사회적 관계는 대충 세 가지로 짐작된다. 첫째, 로봇이 사람보다 영리해져서 인간을 지배할 가능성을 배제할 수 없다. 둘째, 로봇이 오늘날처럼 인간의 충직한 심부름꾼 노릇을 하는 주종관계를 상정할 수 있다. 끝으로 로봇이 공생 관계를 형성하여 서로 돕고 살 수도 있을 것이다.

기계가 인간보다 뛰어나서 사람이 기계에게 밀려날 것이라는 공포감은 소설이나 영화를 통해 끊임없이 표출되었다.

1818년 영국의 여류 작가인 메리 셸리(1797~1851)가 발표한『프랑켄슈타인』은 과학자와 그가 만든 괴물이 모두 파멸하는 것으로 끝난다. 이 소설은 인간이 자신의 피조물을 거부하는 것을 보여줌으로써 자신의 모습을 닮은 기계에 대한 공포심을 드러낸다.

1872년 영국의 작가 새뮤얼 버틀러(1835~1902)가 자비로 출간한 풍자소설인『에레혼*Erewhon*』은 "우리는 될 수 있는 한 많은 기계를 부숴야 한다. 그렇지 않으면 기계는 우리를 완전히 지배하는 폭군이 될 것이다"고 썼다.

1921년 체코의 작가인 카렐 차페크(1890~1938)가 발표한 희곡인『로섬의 만능 로봇*Rossum's Universal Robot, R.U.R.*』역시 프랑켄슈타인의 괴물과 마찬가지로 로봇을 먼저 파괴하지 않으면 결국 로봇이 인간의 자리를 빼앗아갈 것이라는 의미를 함축하고 있다.

1997년 영국의 로봇공학자인 케빈 워릭(1954~)은 그의 저서『로봇의 행진*March of the Machines*』에서 21세기 지구의 주인은 로봇이라고 단언한다. 워릭은 2050년 인류의 삶은 기계에 의해 통제되고 기계가 시키는 일은 무엇이든지 하지 않으면 안 되는 처지에 놓인다. 남자들은 포로수용소 같은 곳에서 노동자로 사육된다. 남자들은 육체적으로 불필요한 성적 행위를 하지 못하게끔 거세되며, 여자들은 사방이 벽으로 막힌 인간 농장에 수용된 채 오로지 아이를 낳기 위해 사육된다.

1999년 개봉된 미국 영화 「매트릭스The Matrix」의 무대는 2199년 인공지능 기계와 인류의 전쟁으로 폐허가 된 지구이다. 마침내 인공지능 컴퓨터들은 인류를 정복하여 인간을 자신들에게 에너지를 공급하는 노예로 삼는다. 땅속 깊은 곳에서 인간들은 매트릭스 컴퓨터의 배터리로 사육되는 것이다. 인간은 오로지 기계에 의해서, 기계를 위해 태어나고 생명이 유지될 따름이다.

인간보다 영리한 로봇이 사람을 해치거나 노예로 삼는 상황을 미연에 방지하는 방법으로 로봇의 뇌 안에 살인 욕망을 스스로 제어하는 소프트웨어를 넣어주자는 아이디어도 나오고 있다. 한 걸음 더 나아가서 로봇을 설계할 때 아예 천성이 착하게끔 만들자는 의견도 제기되었다. 이른바 '우호적 인공지능FAI: friendly artificial intelligence' 이다. 2001년 미국의 인공지능 전문가인 엘리제 유드코프스키(1979~)가 제안한 우호 이론friendliness theory에 따르면 인류를 로봇으로부터 보호하기 위해 인공지능 기계가 인간에게 우호적인 감정을 갖도록 설계되어야 한다는 것이다. 인간의 피조물인 로봇이 미래에도 오늘날 산업 현장의 로봇처럼 사람 대신에 온갖 힘든 일을 도맡아 처리해주어야 한다는 주장인 셈이다. 로봇에게 인간 사회의 일원으로 행동하게끔 설계하자는 '사회로봇공학social robotics'이 출현할 만도 하다.

사람과 로봇이 맺을 수 있는 세 번째 관계는 서로 돕고 사는 공생이다. 대표적인 시나리오는『마음의 아이들』에 제시된 마음 이전^{mind} ^{transfer}이다. 사람의 마음을 로봇으로 옮기는 과정은 '마음 업로딩^{mind} ^{uploading}'이라 한다. 사람의 마음이 로봇으로 이식되면 사람이 말 그대로 기계로 바뀌게 된다. 로봇 안에서 사람의 마음은 늙지도 죽지도 않는다. 마음이 사멸하지 않는 사람은 결국 영원한 삶을 누리게 되는 셈이다. 이런 맥락에서 모라벡은 마음의 아이들이 인류의 후계자가 될 것이라고 주장했다.

2050년 이후에 워릭의 주장처럼 로봇은 창조주인 인류를 끝내 파멸시킬 것인가. 아니면 유드코프스키의 희망처럼 충실한 친구가 되어줄 것인가. 나아가서 모라벡의 시나리오처럼 로봇과 인류는 영생불멸의 존재로 공생할 것인가.

이 질문에 대한 정답은 아무도 알 수 없다. 로봇공학의 발전으로 사람보다 영리한 로보 사피엔스, 곧 마음의 아이들이 출현할 세상의 모습을 어느 누가 감히 예측할 수 있겠는가. 그렇지 않은가?

-『마음의 아이들』, 한스 모라벡, 김영사, 2011

03

사이보그 사회를
해부한다

포스트모던적인 국민국가가 단지 사람을 의미하는 것은 아니다.
그것은 법률, 관료 그리고 수많은 상이한 유형의 기계,
그중에서도 특히 컴퓨터를 포함한 기술의 전체 영역을 통합한다.
이제 시민은 사이보그이며, 영토는 사회기반시설이다.
—크리스 그레이

1

이스라엘 예루살렘의 히브리대학교에서 역사학 교수로 재직 중
인 유발 하라리는 2014년 9월 펴낸 『사피엔스*Sapiens*』에서 인류 역사
의 진로가 인지혁명·농업혁명·과학혁명 등 3대 혁명에 의해 형성
되었다고 설명하고, 책의 끄트머리에서 "과학기술에 의해 호모 사
피엔스가 완전히 다른 존재로 대체되는 시대가 곧 올 것"이라고 전
망했다.

하라리는 유전공학과 사이보그기술에 의해 현생인류를 대체할
미래인류, 곧 포스트휴먼posthuman이 등장할 날이 임박했다고 주장한
것이다. 포스트휴먼은 '현존 인간을 근본적으로 넘어서서 현재 우

리의 기준으로는 애매모호하게 사람이라고 부르기 어려운 인간'이라고 풀이할 수 있다. 포스트휴먼의 첫 번째 후보로는 무엇보다 사이보그가 거론된다.

사이보그는 '사이버네틱 유기체cybernetic organism'의 합성어로, 미국의 컴퓨터 전문가인 맨프레드 클라인스(1925~)와 정신과 의사인 네이선 클라인(1916~1982)이 1960년 9월에 함께 발표한 논문인 「사이보그들과 우주Cyborgs and Space」에서 처음 사용한 단어이다. 이들은 이 논문에서 "사람은 장기이식과 약물을 통해 개조될 수 있으며, 그렇게 되면 우주복을 입지 않고도 우주에서 생존할 수 있을 것"이라 주장하고, 기술적으로 개조된 인체, 곧 기계와 유기체의 합성물을 '사이보그'라고 명명했다. 다시 말해 사이보그는 생물과 무생물이 결합된 자기조절 유기체이다. 따라서 유기체에 기계가 결합되면 그것이 사람이든 바퀴벌레이든 박테리아이든 모두 사이보그라고 부른다. 사람만이 사이보그가 될 수 있는 것은 아니다.

사이보그는 기본적으로 자기조절 기능을 가진 시스템, 곧 사이버네틱스 이론으로 규정되는 유기체이다. 사이버네틱스는 1948년 미국의 노버트 위너(1894~1964)가 펴낸 『사이버네틱스Cybernetics』에 소개된 이론이다. 이 책의 부제는 '동물과 기계에서의 제어와 통신Control and Communication in the Animal and the Machine'이다. 요컨대 동물과 기계, 즉 생물과 무생물에는 동일한 이론에 의해 탐구될 수 있는 수준이 있으며, 그 수준은 제어 및 통신의 과정에 관련된다는 것이다. 생물과 무생물 모두에 대하여 제어와 통신의 과정을 사이버네틱스 이론으로 동일하게 고찰할 수 있다는 것이다.

사이보그라는 용어는 오랫동안 주로 공상과학영화의 주인공을 묘사하는 데 사용되는 신조어에 불과할 따름이었다. 사이보그는 텔레비전 연속물인 「6백만 불의 사나이」(1974~1978)를 비롯하여 「터미네이터」(1984), 「로보캅」(1987), 「공각기동대」(1995) 등의 영화에서 맹활약한다.

한편 미국의 페미니즘 이론가인 도나 해러웨이(1944~)는 1985년 『사이보그 선언A Menifesto for Cyborgs』이란 글을 발표하고 사이보그를 성차별 사회를 극복하는 사회정치적 상징으로 제시했다. 이를 계기로 사이보그학cyborgology이 출현했으며, 사이보그는 공상과학영화에서 튀어나와 다양한 학문적 의미를 부여받게 되었다. 가령 지구 자체를 사이보그로 간주하는 이론까지 등장했다. 해러웨이는 제임스 러브록(1919~)이 가이아 이론Gaia theory에서 제시한 것처럼 행성 지구는 자기조절 기능을 갖고 있으므로 사이보그임에 틀림없다고 주장했다.

2

사이보그는 종류가 다양하기 이를 데 없다. 유기체를 기술적으로 변형시킨 것은 모두 사이보그에 해당되기 때문이다. 가령 생명공학기술과 의학기술로 몸과 마음의 기능을 개선시킨 사람들, 이를테면 인공장기를 갖거나 신경보철을 한 사람, 예방접종을 하거나 향정신성 약품을 복용한 사람들은 모두 사이보그이다.

사이보그의 개념을 좀 더 확대하면 우리가 사이보그 사회에 살고 있음을 실감할 수 있다. 우리가 일상생활에서 사용하는 각종 장치, 예컨대 안경·휴대전화·컴퓨터·자동차 등이 우리의 능력을 보완해주기 때문이다. 이런 장치를 사용하는 사람을 '기능적 사이보그functional cyborg' 또는 줄여서 '파이보그fyborg'라고 부른다. 우리 모두는 이미 '파이보그'가 되어버린 셈이다. 특히 입는 장치wearable device가 보급되면서 파이보그는 갈수록 증가하는 추세이다.

이 책 『사이보그 시티즌Cyborg Citizen』은 사람이 사이보그로 바뀌는 현상을 생생하게 소개하고 있다. 미국의 컴퓨터 과학자인 저자 크리스 그레이는 사람의 몸은 물론 생식·노동·전쟁 등 거의 모든 인간활동이 전방위적으로 사이보그화cyborgization되고 있는 현장을 아주 구체적으로 묘사한다.

먼저 의학을 통해 사람을 몸을 개조하는 일이 일상화되면서 머리 꼭대기부터 발끝까지 인공안구·인공기도·인공흉선·인공심장·인공방광·인공괄약근, 심지어 인공고환과 인공음경 따위로 인체의 사이보그화가 가속되고 있다. 저자는 병원에서 인공호흡기나 신장투석 같은 생명연장기술에 의존해 살아가는 사람들을 활성사이보그enabled cyborg라 명명하기도 한다. 식물인간neomort이나 산송장living cadaver도 사이보그화의 사례로 언급되어 있다.

생식 사이보그화의 경우 테크노정자technosemen 기술이 쟁점이 된다.

남녀의 성행위로 아기를 잉태하는 자연임신과 달리 의학기술이 개입된 인공적 임신은 사이보그 임신^{cyborg conception}, 그렇게 태어난 아이는 사이보그 아기^{cyborg baby}라고 불린다.

노동자 사이보그화는 산업계가 앞장서서 주도하고 있지만 "매우 똑똑한 어떤 노동자들은 스스로 자기-사이보그화를 의도한다"고 지적하고, 그 사례로 프로 운동선수들을 들었다.

사이보그화가 가장 활발하게 진행되는 장소는 전쟁터일 수밖에 없다. 저자는 "제2차 세계대전은 컴퓨터의 잉태와 믿을 수 없을 정도로 복잡한 인간-기계 시스템^{human-machine system}인 함선, 함대, 비행기, 날개, 무기 팀, 군대 등의 정교화에 힘입어 이 과정을 절정으로 이끌었다. 마침내 사이보그가 탄생했다"면서, "사이보그는 인간-기계무기의 이상^{理想}"이라고 말한다. 그렇다. 군대는 엄청난 자원을 투입하여 군인들을 사이보그로 변모시킨다. 사이보그 전사^{cyborg warrior}는 "포스트모던 전쟁이라는 극히 치명적인 전쟁에서 두려움 없이 싸울 수 있도록" 정신의약적인 방법으로도 개조되기도 한다.

저자는 "인간제도의 결정판이라고 할 수 있는 가족조차 사이보그화되고 있는 현실"이라면서 사이보그 가족의 출현을 예고한다.

사람과 사회가 사이보그로 바뀌는 현상을 낱낱이 분석하고 저자는 다음과 같이 비판적인 견해를 서슴없이 개진한다.

"우리 사회는 도구, 기계 그리고 유기체로 이루어진 사이보그 사회이지만 우리는 이것을 부인한다. 우리는 우리가 유기체들과 맺고 있는 관계, 우리가 체화되어 있는 세계를 부인한다. 그리고 우리가 만든 기술과학technoscience에 대한 책임마저도 부인한다."

3

저자가 이 책을 집필한 동기는 원서의 부제인 '포스트휴먼 시대의 정치학Politics in the Posthuman Age'에 여실히 드러나 있다. 그는 "인간의 잠재력을 극대화하여 이익이든 힘이든 그 무엇을 얻든 간에, 모든 개조과정은 근본적으로 정치적인 성격을 띤다"면서 "포스트휴머니티 안에서 우리가 어떤 가치를 수립할 것인지는 바로 정치가 결정할 것"이라고 단언한다.

이어서 그는 "사이보그화된 우리의 몸이 사이보그 국가에서 정치적으로 얼마나 잘 활용될 수 있는지를 정확히 이해하기 위해서는 합법적인 정치권력의 원천부터 살펴보아야 한다"면서, "18세기의 혁명가들에 따르면, 그 원천은 바로 시민"이라고 사이보그 시민 개념을 제안한다.

그는 사이보그 시민이론의 출발점이 17세기 영국의 철학자인 토머스 홉스(1588~1679)가 펴낸 『리바이어던Leviathan』임을 숨기지 않는다. 홉스는 이 책에서 왕의 살아 있는 몸뚱이가 곧 국민국가의 모델이라는 '몸의 정치body politics'를 주장했다. 저자는 "오늘날은 국가를 왕의 몸에서 찾지 않는데, 형식적으로 보나 실제로 보나 사이보그가 그 자리를 대신 차지한다"면서 "리바이어던은 많은 사람들로 이루어진 사이보그"라고 주장한다.

저자가 사이보그 시민이론을 창안한 이유는 자명하다. 그는 "진정한 쟁점은 우리 사회가 어떤 도구, 어떤 기계, 어떤 사이보그를 보유해야 하며, 어떤 것을 축출하고, 만드는 것조차 하지 말아야 할 것인지 판단하는 것"이라고 전제하고, "우리는 사이보그 시민권을 제대로 만들고, 할 수 있는 모든 방법을 동원해 그것을 옹호하고 확장해야 한다"고 주장한다. 요컨대 "모든 사이보그 시민은 자신의 권리를 지킬 필요가 있다"는 것이다.

저자 특유의 사이보그 시민이론에 동의하든 안 하든 독자 여러분은 21세기 들어 생명공학기술과 신경공학의 발전으로 사람이 사이보그로 바뀌는 현상이 가속화됨에 따라 생물과 무생물, 사람과 기계의 경계가 서서히 허물어지는 것을 지켜보면서 책의 끝부분에 나오는 다음 문장을 곱씹어보지 않을 수 없을 줄로 안다.

"유기적이고 기계적인 두 영역에 걸쳐 있는 우리가 처한 사이보그적 상황을 감수하지 못한다면 끝내 치명적인 결과를 낳을 것이다. 이 시스템들 중 어느 쪽과 충돌하더라도 인류는 끝장날 것이다."

그래서 이 책은 우리 모두가 이제부터 꼼꼼히 읽기 시작해야 할 미래서 목록의 윗자리에 올려놓아야 할 것 같다.

더 읽어볼 만한 사이보그 관련 도서(국내 출간순)

- 『네 번째 불연속*The Fourth discontinuity*』(브룩스 매즐리시, 사이언스북스, 2001)
- 『유인원, 사이보그 그리고 여자*Simians, Cyborgs, and Women*』(도나 해러웨이, 동문선, 2002)
- 『매트릭스로 철학하기*The Matrix and philosophy*』(슬라보예 지젝 외, 한문화, 2003)
- 『나는 왜 사이보그가 되었는가*I, Cyborg*』(케빈 워릭, 김영사, 2004)
- 『급진적 진화*Radical Evolution*』(조엘 가로, 지식의 숲, 2007)
- 『특이점이 다가온다*The Singularity Is Near*』(레이 커즈와일, 김영사, 2007)
- 『인간의 미래*More than Human*』(라메즈 남, 동아시아, 2007)
- 『지식의 대융합』(이인식, 고즈윈, 2008)
- 『냉동인간*The Prospect of Immortality*』(로버트 에틴거, 김영사, 2011)
- 『뇌의 미래*Beyond Boundaries*』(미겔 니코렐리스, 김영사, 2012)
- 『사피엔스*Sapiens*』(유발 하라리, 김영사, 2015)

－『사이보그 시티즌』, 크리스 그레이, 김영사, 2016

04

냉동인간은 부활을 꿈꾼다

나의 모든 친구와 이웃이
그들의 1,000번째 생일 축하 자리에
나를 초대해주기를 희망한다.
−로버트 에틴거

1

영원불멸을 소망한 고대 이집트 사람들은 사후에 육신이 원형 그대로 보존되어 있지 않으면 사망할 즈음 분리된 정신과 다시 결합할 수 없으므로 저승에서 부활이 불가능하다고 생각했다. 따라서 고대 이집트에서는 남녀노소 가릴 것 없이 모두 시체를 미라로 처리하여 관 속에 안치했다.

20세기 후반부터 사후에 시체의 부패를 중지시킬 수 있는 기술로 인체 냉동보존술cryonics이 출현했다. 냉동보존술은 죽은 사람을 얼려 장시간 보관해두었다가 나중에 녹여 소생시키려는 기술이다. 인체를 냉동보존하는 까닭은 사람을 죽게 만든 요인, 예컨대 암과 같은 질병의 치료법이 발견되면 훗날 죽은 사람을 살려낼 수 있다고 믿기 때문이다. 말하자면 인체 냉동보존술은 시체를 보존하는 새로운 방법이라기보다는 생명을 연장하려는 새로운 시도라고 할 수 있다.

인체의 사후 보존에 관심을 표명한 대표적인 인물은 미국의 정치가이자 과학자인 벤저민 프랭클린(1706~1790)이다. 미국의 독립선언 직전인 1773년, 그가 친지에게 보낸 편지에는 '물에 빠져 죽은 사람을 먼 훗날 소생시킬 수 있도록 시체를 미라로 만드는 방법'에 대해 언급한 대목이 나온다. 물론 그는 당대에 그러한 방법을 구현할 만큼 과학이 발달하지 못한 것을 아쉬워하는 문장으로 편지를 끝맺었다.

1946년 프랑스의 생물학자인 장 로스탕(1894~1997)은 동물 세포를 냉동시키는 실험에 최초로 성공했다. 그는 개구리의 정충을 냉동하는 과정에서 세포에 발생하는 훼손을 줄이는 보호 약물로 글리세롤을 사용했다. 로스탕은 저온생물학^{cryobiology} 시대를 개막한 인물로 여겨진다.

과학자들은 1950년에는 소의 정자, 1954년에는 사람의 정자를 냉동보관하는 데 성공했다. 이를 계기로 세계 곳곳의 정자은행에서는 정자를 오랫동안 냉동저장한 뒤에 해동하여 난자와 인공 수정을 시키게 되었다.

미국의 물리학자 로버트 에틴거는 로스탕의 실험 결과로부터 인체 냉동보존의 아이디어를 생각해냈다. 의학적으로 정자를 가수면 상태로 유지한 뒤에 소생시킬 수 있다면 인체에도 같은 방법을 적용할 수 있다고 확신한 것이다. 1962년 『냉동인간*The Prospect of Immortality*』

을 펴내고, 저온생물학의 미래는 죽은 사람의 시체를 냉동시킨 뒤 되살려내는 데 달려 있다고 강조했다. 특히 질소가 액화되는 온도 인 섭씨 영하 196도가 시체를 몇백 년 동안 보존하는 데 적합한 온 도라고 제안했다. 다름 아닌 이 책『냉동인간』이 계기가 되어 인체 냉동보존술이라는 미지의 의료 기술이 모습을 드러내게 된 것이다.

1967년 1월 마침내 미국에서 최초로 인간이 냉동보존되었다.

에틴거의 인체 냉동보존 아이디어는 1960~1970년대 미국 지식 인들의 상상력을 자극했다. 특히 히피 문화의 전성기인 1960년대에 환각제인 엘에스디LSD를 만들어 미국 젊은이들을 중독에 빠뜨린 장 본인인 티머시 리어리(1920~1996)는 인체 냉동보존술에 심취했다. 그는 말년에 암 선고를 받고 자살 계획을 세워 자신의 죽음을 인터 넷에 생중계할 정도로 괴짜였다. 1996년 75세로 병사한 리어리는 사후에 출간된 저서인『임종의 설계Design for Dying』(1997)에서 냉동보존 으로 부활하는 꿈을 포기하지 않았다.

리어리의 경우에서 보듯이 인체 냉동보존술은 진취적 사고를 가 진 미국 실리콘밸리의 첨단기술자들을 매료시켰다. 세계 최대의 인 체 냉동보존 서비스 기업인 알코어 생명연장재단의 고객 중 상당수 가 첨단기술 분야 종사자인 것으로 알려졌다. 1972년 설립된 알코 어는 고객을 '환자', 사망한 사람을 '잠재적으로 살아 있는 자'라고 부른다. 환자가 일단 임상적으로 사망하면 알코어의 냉동보존기술 자들은 현장으로 달려간다. 그들은 먼저 시신을 얼음 통에 집어넣 고, 산소 부족으로 뇌가 손상되는 것을 방지하기 위해 심폐소생 장치를 사용하여 호흡과 혈액 순환 기능을 복구시킨다. 이어서 피를 뽑아내고 정맥주사를 놓아 세포의 부패를 지연시킨다. 그런 다음에 환자를 알코어 본부로 이송한다. 환자의 머리와 가슴의 털을 제거하고, 두개골에 작은 구멍을 뚫어 종양의 징후를 확인한다. 시신의 가슴을 절개하고 늑골을 분리한다. 기계로 남아 있는 혈액을 모두 퍼내고 그 자리에는 특수 액체를 집어넣어 기관이 손상되지 않도록 한다. 사체를 냉동보존실로 옮긴 다음에는 특수 액체를 부동액으로 바꾼다. 부동액은 세포가 냉동되는 과정에서 발생하는 부작용을 감소시킨다. 며칠 뒤에 환자의 시체는 액체 질소의 온도인 섭씨 영하 196도로 급속 냉각된다. 이제 환자는 탱크에 보관된 채 냉동인간으로 바뀐다.

알코어의 홈페이지(www.alcor.org)를 보면 "우리는 뇌세포와 뇌의 구조가 잘 보존되는 한, 심장 박동이나 호흡이 멈춘 뒤 아무리 오랜 시간이 흘러도 그 사람을 살려낼 수 있다고 믿는다. 심박과 호흡의 정지는 곧 '죽음'이라는 구시대적 발상에서 아직 벗어나지 못한 사람들이 많다. '죽음'이란 제대로 보존되지 못해 다시 태어날 수 없는 상태일 뿐이다"라고 적혀 있다. 그러나 현대 과학은 아직까지 냉동인간을 소생시킬 수 있는 수준에 도달하지 못한 상태이다.

2

　인체 냉동보존술이 실현되려면 반드시 두 가지 기술이 개발되지 않으면 안 된다. 하나는 뇌를 냉동상태에서 제대로 보존하는 기술이고, 다른 하나는 해동 상태가 된 뒤 뇌의 세포를 복구하는 기술이다. 뇌의 보존은 저온생물학과 관련된 반면, 세포의 복구는 분자 수준에서 물체를 조작하는 나노기술과 관련된다. 말하자면 인체 냉동보존술은 저온생물학과 나노기술이 결합될 때 비로소 실현 가능한 기술이다. 물론 에틴거가 이 책을 출간할 당시 나노기술은 이 세상에 존재하지 않았다.

　먼저 저온에서 뇌를 보존하는 기술은 두말할 나위 없이 중요하다. 사람의 뇌를 냉동상태에서 보존하지 못한다면 해동 후에 뇌 기능의 소생을 기대할 수 없기 때문이다. 사람의 신체 부위, 이를테면 피부나 뼈·골수·장기 등은 현재의 기술로 저온보존이 가능하다. 바꾸어 말하면 냉동과 해동에 의해 이러한 부위를 구성하는 분자들이 변질되지 않는다는 뜻이다. 요컨대 냉동은 일반적으로 단백질의 변성이나 화학적 변화를 야기하지 않는다.

　세포의 경우 구성 물질의 85%가량이 물이기 때문에 냉동할 때 얼음으로 바뀌면서 부피가 팽창하여 세포가 파괴될 것이라고 생각하기 쉽다. 그러나 물이 얼음으로 바뀜에 따라 세포의 부피는 10% 정도 팽창하는 데 그칠 뿐 아니라, 세포는 부피가 50~100%까지 늘어나더라도 내부에 형성된 얼음 때문에 세포가 죽는 일은 발생하지 않는다.

　이러한 냉동보존의 결과는 일반 신체 부위의 연구를 통해 확인된 것이므로 곧바로 뇌에 적용되기는 어렵다. 뇌를 냉동했을 때 각 부위의 세포와 조직에 대해 그 구조와 기능이 보존되는 상태를 면밀히 검토해야 하기 때문이다. 물론 아직까지 뇌의 모든 부위에 대해 그러한 연구가 이루어진 것은 아니다. 하지만 뇌 역시 냉동할 때 형성되는 얼음에 의해 인지 능력이 손상되지 않을 뿐 아니라, 동결방지제인 글리세롤을 사용하면 뇌의 기능을 온전히 유지할 수 있는 상태까지 얼음 형성을 억제할 수 있는 것으로 밝혀졌다. 결론적으로 이러한 연구 결과는 인체 냉동보존을 실현함에 있어 저온생물학의 측면에서는 별다른 장애 요인이 없을 것임을 시사해준다.

　인체 냉동보존술의 성공을 위해 기본적으로 필요한 두 번째 기술은 나노기술이다. 나노기술은 냉동과정에서 손상된 세포를 해동한 뒤 수리할 때 필요불가결한 기술로 기대를 모으고 있다.

　인체는 수십조 개의 세포로 이루어져 있으며, 냉동될 때 세포를 구성하는 수분이 밖으로 빠져나가 얼음으로 바뀐다. 수많은 세포 주변에 형성된 얼음은 마치 바늘이 풍선을 터뜨리듯 이웃 세포의 세포막을 손상시키게 마련이다. 뇌세포 역시 예외가 아니다.

　신체의 많은 기관은 새로운 것으로 교체될 수 있다. 예컨대 콩팥이나 피부 따위는 새것으로 바꾸면 그만이다. 그러나 뇌는 전혀 다른 문제이다. 뇌에는 개체의 의식과 기억이 들어 있기 때문이다. 뇌세포가 손상된 경우 그 안에 저장된 정보들이 온전할 리 만무하다.

따라서 손상된 뇌세포의 기능을 복원할 뿐 아니라 그 안에 있는 정보를 보전하기 위해서 해동된 뒤에 뇌세포를 원상태로 복구시켜놓지 않으면 안 된다.

인체 냉동보존술의 이론가들은 이러한 문제의 거의 유일한 해결책으로 미국의 에릭 드렉슬러(1955~)가 1986년 펴낸『창조의 엔진 *Engines of Creation*』에서 제안한 '바이오스태시스biostasis' 개념에 매달리고 있다. 드렉슬러는 '생명 정지'를 뜻하는 바이오스태시스라는 용어를 만들고 '훗날 세포 수복 기계에 의해 원상 복구될 수 있게끔 세포와 조직이 보존된 상태'라고 정의했다.

세포 수복 기계는 나노미터 크기의 컴퓨터·센서·작업 도구로 구성되며, 크기는 박테리아와 바이러스 정도이다. 이 나노 기계는 백혈구처럼 인체의 조직 속을 돌아다니고, 바이러스처럼 세포막을 여닫으며 세포 안팎으로 들락거리면서 세포와 조직의 손상된 부위를 수리한다.

드렉슬러는 이러한 나노로봇이 개발되면 냉동보존에도 크게 도움이 될 것이라고 주장했다. 요컨대 인체 냉동보존술의 성패는 저온생물학 못지않게 나노기술의 발전에 달려 있는 셈이다.

전문가들은 2030년경에 세포 수복 기능을 가진 나노로봇이 출현할 것으로 전망한다. 그렇다면 늦어도 2040년까지는 냉동보존에 의해 소생한 최초의 인간이 나타날 가능성이 농후하다. 하지만 나노기술이 발전하지 못하면 21세기의 미라인 냉동인간은 영원히 깨어나지 못한 채 차가운 얼음 속에서 길고 긴 잠을 자야 할지 모를 일이다.

3

에틴거는 불멸의 시대를 전망하면서 인간의 능력을 향상시킬 가능성이 농후한 기술들을 열거했다. 컴퓨터 기술, 생명공학, 신경공학은 이 책이 출간된 1962년 당시 걸음마 단계였다는 점을 고려할 때 그의 상상력에 놀라지 않을 수 없다.

컴퓨터 기술의 경우, 인공지능과 인공 생명의 미래가 논의되어 있다. 이를테면 사람처럼 생각하고 자식을 낳는 기계가 개발될 것으로 전망한다. 1956년 인공지능을 학문으로 발족시킨 허버트 사이먼(1916~2001), 앨런 뉴엘(1927~1992), 마빈 민스키(1927~)의 낙관적 견해가 소개되어 있으며 1948년 존 폰 노이만(1903~1957)이 발표한 자기증식 자동자self-reproducing automata 이론도 상세히 설명되어 있다. 생물처럼 새끼를 낳는 기계를 꿈꾼 폰 노이만의 이론은 1987년 인공생명이라는 학문을 탄생시켰다.

생명공학기술과 관련된 부분은 거의 상상력 수준에 머물고 있다. 1973년 유전자 재조합기술의 발견을 계기로 유전공학이 등장하기 전에 저술된 책으로서는 어쩔 수 없는 한계일 수 있다. 하지만 "우리 아이들이 우리가 원하는 대로 되게 만들 수 있을 것"이라고 유전적으로 설계된 맞춤아기designer baby의 출현을 예상하고 있을 뿐만 아니라 "어머니 몸속 대신에 인공 자궁에서 시험관 아기로 키우는" 체외발생ectogenesis 연구도 언급할 정도로 탁월한 선견지명을 보여준다. 2020년경 맞춤 아기가 태어나고 인공 자궁이 개발될 전망이다.

미래기술을 예측한 내용 가운데 가장 눈길을 끄는 것은 신경공학의 핵심기술인 뇌-기계 인터페이스BMI: brain-machine interface의 실현 가능성을 언급한 대목이다. BMI는 뇌의 활동 상태에 따라 주파수가 다르게 발생하는 뇌파 또는 특정 부위 신경세포(뉴런)의 전기적 신호를 이용하여 생각만으로 컴퓨터나 로봇 등 기계장치를 제어하는 기술이다. 1998년 3월 미국에서 최초의 BMI 장치가 개발된 점에 비추어볼 때 36년 앞서 "인간 뇌와 기계 뇌 사이에 완벽하지만 통제된 상호 접촉이 있다고 가정"한 것은 실로 놀라운 통찰력이 아닐 수 없다. 더욱이 사람과 기계가 조합되면 "컴퓨터가 인간 정신의 일부분까지 된다"고 전망하여 21세기 신경공학의 최종목표를 암시하고 있다. 사람의 마음을 기계 속으로 이식하는 과정은 마음 업로딩mind uploading이라 이른다. 사람의 마음을 기계 속으로 옮기면 사람이 말 그대로 로봇으로 바뀌게 된다. 로봇 안에서 사람 마음은 늙지도 죽지도 않는다. 미국의 미래학자인 레이 커즈와일(1948~)은 2045년 전후로 마음 업로딩이 실현될 것이라고 주장한다.

에틴거가 인체 냉동보존술을 최초로 정립한 이론서로 자리매김한 저서에서 구태여 인공지능, 인공생명, 맞춤아기, 체외발생, 뇌-기계 인터페이스, 마음 업로딩을 논의한 까닭은 자명하다. 이른바 인간 능력 증강human enhancement 기술로 그가 꿈꾸는 불멸의 존재인 슈퍼맨초인이 출현하기를 학수고대하기 때문이다. 1972년 펴낸 『인간에서 초인으로Man into Superman』에도 그의 소망이 여실히 드러나 있다.

특히 『인간에서 초인으로』는 트랜스휴머니즘transhumanism의 대표적인 저서로 평가된다. 과학기술을 사용하여 인간의 정신적·신체적 능력을 향상시킬 수 있다는 아이디어나 신념을 통틀어 트랜스휴머니즘이라 일컫는다.

트랜스휴머니즘을 주도하는 영국의 철학자 맥스 모어(1964~)와 스웨덴 태생의 영국 철학자 닉 보스트롬(1973~)은 인간 능력을 증진하는 기술의 하나로 인체 냉동보존술을 꼽고 있다. 이들은 냉동보존술로 인간이 영생을 추구할 수 있다고 확신한다.

에틴거는 냉동인간 중심의 사회는 반드시 실현될 것이라고 강조하면서 "오래 지나지 않아 몇몇 되지 않는 괴짜들만이 땅에서 썩어갈 권리를 우겨댈 것이다"고 목소리를 높인다.

책 끄트머리에서 에틴거는 친지들에게 1,000번째 생일 축하 자리에 초대해줄 것을 당부한다. 1918년생인 에틴거는 장수를 누리고 있지만 그 역시 머지않아 이승을 떠나게 될 것이다. 그가 꿈꾸는 냉동인간이 되어 훗날 부활하여 1,000년을 사는 행운을 누리게 될는지 누가 알랴.

이 책이 출간되고 50년 가까이 지난 오늘의 시점에서 사람이 죽지 않고 영원히 산다는 것은 무슨 의미가 있는지 헤아려보는 일은 여러분의 몫으로 남겨둘 수밖에 없을 것 같다.

—『냉동인간』, 로버트 에틴거, 김영사, 2011

최광웅(데이터정치연구소장)

권오갑 박사: 서울대 금속공학과를 졸업하고 행정고시 21회를 거쳐 줄곧 과학기술부에서 근무했다. 미국 조지워싱턴대 과학기술정책학 박사로 참여정부 초대 과학기술부 차관을 역임했다. 경기 고양시 출신이며 열린우리당이 영입한 정부 고위인사로는 최초로 고양 덕양(을) 경선에 나서서 최성 후보에게 패배했다. 2004년 4월 한국과학재단(현 한국연구재단) 이사장으로 임명되어 3년 임기를 잘 마쳤다. 2010년 10월에는 교육과학기술부와 경기도가 지원해 설립한 한국나노기술원의 제3대 이사장으로 추대됐다. 2015년 2월, 과학기술계에 근무한 700여 명의 고경력 과학기술자들이 모인 과우회 회장에 선출돼 왕성한 활동을 이어가고 있다.

금동화 한국과학기술연구원 KIST 책임연구원: 서울대 금속공학과를 졸업하고 국비 유학생으로 선발되어 미국 스탠퍼드대학에서 재료공학 박사학위를 취득했다. 정부의 해외 과학자 유치사업에 자원해 1985년 KIST에서 첫발을 내디뎠다. 이후 KIST에서만 잔뼈가 굵은 대표적인 연구계 인사로, 한국과학기술기획평가원KISTEP 연구기획관리단장·KIST 부원장 등을 역임했고, 2006년 4월 내부 발탁 케이스로 KIST 원장에 취임했다. 2005년 전자현미경학회 회장, 2007년 대한금속·재료학회 회장, 2011년 한국공학한림원 부회장을 맡기도 했다. 2010년 국가과학기술위원회 위원에 위촉됐다. 현재 KIST 연구위원으로 근무 중이다.

김병식 동국대 교수: 연세대 화학공학 박사 출신으로 1979년부터 동국대에서 근무했다. 한국공학교육인증원 인증사업단장을 맡아 대학 공학교육혁신을 주도한 공로를 인정받아 2004년 노무현 대통령으로부터 과학기술훈장 진보장을 수상했다. 제8~9기 국가과학기술자문회의 과학기술기반확충 분과위원장 및 2004~2006년 정책기획위원회 위원 재임 중 동국대 부총장 승진의 영예를 안았다. 이후 2006년 과학기술부 산업기술연구회 이사, 2007년 한국과학문화재단 이사, 2008년 광주과학기술원 이사 등 정부 일에 계속 참여했다. 탁월한 경영능력을 인정받아 2009년 초당대학교 총장에 초빙되었으며 2013년 연임됐다. 현재 명예 총장으로 재임 중이다.

박창규 한국원자력연구소 원자력수소사업추진단장: 서울대 원자력공학과를 졸업하고 미국 미시간대에서 원자력 박사학위를 취득했다. 1989년 원자력연구소에 입소해 원자력안전연구부장·응용연구

그룹장·미래원자력기술 개발단장·선임단장 겸 신형원자로개발단장 등 주요 보직을 두루 거쳤다. 2005년 4월 내부 승진 케이스로 제16대 원자력연구소 소장으로 취임했다. 소장 재직 중 제3대 한국원자력국제협력재단 이사장에 당선되었고, 대덕연구개발특구기관장협의회 회장과 한국위험통제학회 회장에도 선출됐다. 정권이 바뀐 2008년 5월에는 국방과학연구소 소장에 임명돼 3년 임기를 잘 마쳤고 현재는 포스텍 초빙교수로서 후학을 양성하고 있다.

송하중 경희대 행정대학원장: 서울대 금속공학과를 졸업했으나, '전공'을 바꿔 행정대학원에 진학했다. 미국 유학길에 올라 하버드대에서 정책학 석·박사학위를 취득하는 등 독특한 이력의 소유자이다. 한국행정연구원 수석연구원을 거친 행정개혁 전문가이며 1996년부터 경희대 행정학과 교수로 재직 중이다. 국민의 정부 시절 정책기획위원회 위원과 행정개혁위원회 위원 등으로 정부 자문 활동에 참여했다. 참여정부 때도 제8기 국가과학기술자문회의 자문위원과 행정자치부 인력운영자문단 위원장 등을 역임했다. 2005년 8월 참여정부 제3대 정책기획위원장(장관급)에 임명됐다. 행정학 교수 출신으로는 이례적으로 2010년 한국공학한림원 회원이 됐다.

오세정 서울대 자연과학대학장: 경기고 수석 졸업, 예비고사 수석, 서울대 수석 입학(물리학과 71학번) 등 '3관왕' 출신으로, 미국 스탠퍼드대 박사과정 자격시험 1등까지 휩쓴 수재이다. 1984년 모교 교수로 부임해 연구에 전념하며 1998년 한국과학상을 받았다. 그러다 돌연 과학행정가로 변신했다. PBS(연구과제중심제) 제도가 연구활동을 방해하고, BK21사업은 SCI논문 게재건수로 연구실적을 평가한다는 이유 때문이었다. 국민의 정부 시절 학술진흥재단과 국가과학기술자문회의 등에 참여, 정부의 과학정책을 바로잡는 일을 해왔다. 참여정부에서도 정책기획위원회 위원, 제8~9기 국가과학기술자문회의 자문위원, 교육부 BK21사업단 기획위원장 등을 맡았다. 2011년 11월 이명박 정부에서 한국연구재단 이사장을 거쳐 5년 임기의 기초과학연구원장에 임명됐으나 2년 만에 모교 총장직 도전을 위해 사퇴했다. 2015년 말에는 과학기술 분야 시민운동단체인 '바른 과학기술 사회 실현을 위한 국민연합(과실연)' 상임대표로 선출됐다. 2016년 총선 때는 과학기술 혁명을 표방한 국민의당(비례대표)에 영입돼 국회의원으로 변신했다.

윤정로 KAIST 교수: 박창규 전 한국원자력연구소 소장과 부부 사이이다. 서울대학교 사회학과를 졸업하고 하버드대학에서 석·박사 학위를 받았다. 1991년부터 KAIST에서 과학사회학을 가르치고 있다. 2001년 제6기 국가과학기술자문회의 자문의원을 시작으로 한국과학재단 이사, 대구경북과학기술원 이사 등 과학기술 분야에서 활발한 정부 자문활동에 참여해왔다. 2014년 말에는 한국기초과학연구원 이사로 선임됐다. 2006년에는 여성 최초로 KT이사회 의장에 선출되기도 했다. 『과학기술과 한국사회』『남성의 과학을 넘어서』『과학기술 정책수단의 사회제도화 과정』 등 과학과 사회학을 접목한 여러 권의 저서를 펴낸 융합형 학자이다.

최영락 한국과학기술정책연구원STEPI 원장: 과학기술계의 대표적인 비

주류이다. 서울대 임학과와 행정대학원을 나왔다. 덴마크 로스킬드 대학에 유학, 과학기술정책학 박사학위를 취득했다. 귀국 후 한국과학기술연구원KIST 정책기획실장 등으로 일했고 2002년 한국과학기술정책연구원 원장에 임명됐다. 참여정부 정책기획위원회 위원, 제8~9기 국가과학기술자문회의 자문위원 등으로 활동하며 과학기술혁신본부 본부장(차관급) 물망에도 올랐다. 2005년 4월, 한국항공우주연구원 등 8개 정부출연 연구기관을 담당하는 공공기술연구회 이사장에 임명됐다. 2013년 2월부터는 아프리카 에티오피아 과학기술부 자문관으로 구슬땀을 흘리고 있다.

이상에서 열거한 8명은 일명 '이사모', 즉 '이인식을 사랑하는 사람들의 모임'을 구성하는 핵심 멤버들이다. 전직 차관부터 대개 차관 출신이 낙하산(?)으로 가는 정부 산하 기관장, 그리고 장관급 직위에 이르기까지 다양한 구성들을 보면 이인식이 도대체 얼마나 대단한 사람이기에 그의 팬덤까지 구성됐을까 궁금해진다. 과연 이인식은 누구인가?

2004년 2월 23일 나는 인사수석실 발령을 받았다. 전입인사를 하러 인사수석실에 들어서니 정찬용 수석이 전화번호가 담긴 메모를 내밀었다. 나중에 알고 보니 바로 이인식 소장이 작성한 것이었다. 정 수석도 과학기술계 인사가 매우 불편부당하게 이루어지고 있다는 사실을 익히 알고 있는 눈치였다. 이를 시정하기 위해 다각도로 고민하던 중 새로운 행정관인 나를 투입, 업무를 맡기려 한 것이다. 그러나 나는 인문대학 출신으로 정치권에 들어와서도 정무 내지 조직업무에만 익숙했던 터라 사실 과학기술분야 인사에 대해서는 두려움도 없지 않았다.

용기를 내어 전화를 걸었다. 이튿날 광화문 조선일보사 인근 2층 커피숍에서 '과학문화연구소 소장 이인식'이라는 명함을 처음 건네받았다.

우리나라 나이로 예순, 초로의 신사는 매우 빠른 말투로 자신의 생각을 하나하나 풀어나갔다.

"첫째, 정치과학자들이 득세하고 있다. 연구실에 틀어박혀 연구에만 매진해야 하는데 자그마한 기관장 감투 하나라도 차지하기 위해 쟁탈전을 벌인다. 과학기술부 산하에만 무려 30여 개 기관장 자리가 있는데, 대부분 정치과학자들 차지이다. 이는 정권이 바뀌어도 전혀 시정되지 않는다. 둘째, 패거리문화가 뿌리 깊게 박혀 있다. 분야별로 계보가 너무 많고 연구비, 보직 등을 둘러싼 암투가 횡행한다. 투서를 가장 많이 하는 집단이 바로 과학기술자들이다. 셋째, 정부 출연 연구소 과학자들은 코스트 개념이 없다. 수조 원의 국민 혈세를 물 쓰듯 한다."

생각보다 과학기술계는 심각했다.

오래전부터 정치과학자들의 행태를 못마땅하게 여기고 있던 이

인식 소장과 과학기술분야 인사개혁 미션을 부여받은 나는 이날부로 의기가 투합했고, 나는 이 소장을 개인적인 과학기술 인사 자문역으로 모셨다. 지식인들 사이에서 비저너리Visionary: 비전을 제시하는 선지자로 통하는 이 소장은 과학기술계뿐만 아니라 여타 분야에 있어서도 조예가 깊었다. 특히 누구든 이름만 대면 어느 신문, 어느 잡지에 국정철학과 찬성 또는 반대되는 칼럼을 기고한 사실을 짚었고 이는 청와대 '인사추천회의'의 「인물 평가서」에 고스란히 반영됐다.

그런데 이인식 소장은 혼자가 아니었다. 성공적인 인생 2모작의 귀감으로 종종 소개되면서 적지 않은 팬을 확보하고 있는, 과학기술계의 꽤나 유명인사였다. 위에 열거한 인물들은 대표적인 이사모 인사들이고, 수십 명의 인사들이 그의 주변에 모였다. 나는 바쁜 청와대 업무 때문에 정기적 만남을 할 수 없었지만 이사모 모임에 자주 얼굴을 내밀었고 이 소장과 그 멤버들로부터 많은 인사정보들을 얻어들을 수 있었다.

이사모는 그 자체로도 과학기술 개혁인사의 데이터베이스DB였다. 장관(급) 1명, 정부출연 연구기관을 관장하는 공공기술이사장 1명, 내부 승진 연구소장 2명, 과학기술부 산하기관장 1명과 각종 정부 자문위원회 위원들을 숱하게 배출했다. 이밖에도 여성이자 지방대 교수 출신으로 참여정부 제3대 청와대 정보과학기술보좌관으로 임명된 김선화, 지방대 박사학위 출신으로 한국과학기술정보연구원KISTI 원장에 연임된 조영화 등 수많은 인사자문을 받았다. 또한 일개 3급 행정관이 감히 과학기술부총리에게 인사문제를 놓고 대들 수 있었던 것도 개혁인사를 바라는 이사모의 힘 덕분이었다.

1945년 해방둥이로 광주에서 태어난 이 소장은 광주서중과 광주제일고를 졸업했다. 6세 때 부모를 잃고 할아버지 손에서 자랐다. 문학을 좋아했지만 눈물을 머금고 취직이 잘 되는 서울대 전자공학과 진학을 선택했다. 1960년대 당시 전자공학과는 서울대에서 커트라인이 가장 높은 인기학과였다. 가정교사 등을 하면서 간신히 졸업장을 움켜쥔 그는 해군 통신장교로 3년을 복무한 뒤 럭키금성 현 LG에 자리를 잡았다. 그러나 그의 능력을 눈여겨본 허진규 회장이 처남 김홍식(김황식 전 총리의 친형) 전무를 보내 1년 가까이 설득, 1982년 일진그룹으로 옮겨가 만 36세에 별(이사)을 달았고 컴퓨터 사업을 맡았다.

소설가를 꿈꾸던 문학청년은 대학 졸업반이던 1967년 「대학신문」에 단편 소설이 입선되기도 했지만 취직과 동시에 꿈을 접었다. 그러나 1975년 7월 럭키금성 김용선 전무의 도움으로 「다섯 통의 편지로 이루어진 소설」 「누나를 위하여」 등 9편의 단편을 묶은 272쪽짜리 『환상귀향 幻想歸鄕』이라는 창작집을 출간, 발매 1주일 만에 1쇄가 매진되기도 했다. 그는 타고난 천재 글쟁이였다.

인생의 전환점을 가져온 건 1991년 가을, 그의 나이 46세 때였다. 우연히 미국 인지과학자 더글러스 호프스태터의 처녀작 『괴델, 에셔, 바흐』라는 책을 보고 큰 충격을 받았다. 논리학자 괴델, 화가 에셔, 작곡가 바흐가 서로 어떻게 지성적으로 융합돼 있는지 분석한 책이었다. 이 책을 써서 퓰리처상을 받은 저자는 그와 동갑이었다.

1979년에 출간됐으니 34세의 나이에 대작을 내놓은 셈이었다.

동갑내기가 이런 명작을 쓸 때 뭘 하며 살았는가 하는 허무한 생각이 들었다. 그래서 아무런 준비도 없이 덜컥 사표부터 냈다. 퇴직금을 몽땅 털어 1992년 7월 『월간 정보기술』이라는 잡지를 창간했다. 해외 기술 동향을 실시간으로 소개했는데, 인기가 대단했다. 그러나 영업부서에서 광고 수주를 하지 못해 2년 만에 문을 닫고 말았다.

이인식 소장은 명실공히 대한민국 과학칼럼니스트 1호이다. 『정보기술』의 운영이 잘 안 되면서 부업으로 시작한 일이었다. 글쓰기라면 누구보다 자신이 있던 터였다. 1992년 4월 『월간조선』에 첫 기명 칼럼을 썼다. 나노기술을 국내에 처음 소개하는 글이었는데, 당시만 해도 한국 과학자들은 나노기술을 웃기는 발상이라고 폄훼했다. 유비쿼터스 컴퓨팅, 인공생명, 신경컴퓨터 등도 모두 그가 국내에 처음 소개한 주제들이다.

그 후 『조선일보』 등 각종 신문에 530편, 『월간조선』 등 잡지에 170편 등 700편 이상의 고정칼럼을 연재했다. 2011년 일본 산업기술종합연구소의 월간지 『PEN』에 나노기술 칼럼을 연재해 국제적인 칼럼니스트로 인정받기도 했다. 저서는 47종(기획 공저 14종 포함)이 있으며, 중·고교 교과서에 20여 편의 글도 수록됐다. 제1회 한국공학한림원 해동상, 제47회 한국출판문화상, 2006년 『과학동아』 창간 20주년 최다 기고자 감사패, 2008년 서울대 자랑스러운 전자동문상을 받은 바 있다.

이 소장은 1995년부터 프리랜서로 활동해왔다. 월 고정급여 한

푼 없이 오로지 인세, 원고료, 강연료 수입만을 가지고 두 아들의 대학 학비를 댔다. 이 과정에서 우리나라에만 만연한 학위 없는 설움도 톡톡히 당했으나 이를 실력으로 당당히 극복해냈다. 그는 새벽 3시 반이면 어김없이 잠에서 깨어나 뉴욕과 런던, 그리고 베를린 등지에서 일어나는 세계 최첨단과학기술 동향을 실시간으로 점검한다. 더불어 과학기술과 나란히 가는 세계 경제의 흐름까지 일목요연하게 살피는 일도 빼놓지 않는다. 비록 그에게는 서울대 학사학위가 전부이지만, 대학원생들 논문에 숟가락을 얹는 일부 몰지각한 교수들보다는 열 배 백 배 실력을 더 인정받는다. KAIST가 그에게 겸직교수 대우로 모셔서 꽤 오랫동안 '융합'에 대해 강의하도록 한 것도 이 때문이다. 지금은 "공부도 잘 안 하는 학부 학생들에게 기대할 것이 별로 없고 대전까지 왕복하기 힘들어서 그만두었다"고 한다. 융합에 대해 KBS 1TV 50분 강연 등 정부기관, 학교, 연구소, 기업 등에서 250회 강연활동을 펼쳐 국내 유일의 '융합전도사'로 불리기도 한다. 참으로 기인은 기인이다.

나는 이인식 소장의 천재적인 능력을 아깝게 여겨 제8기 국가과학기술자문회의 자문위원으로 추천했다. 2004년 6월 30일 이 소장은 과학기술부장관과 청와대 정보과학기술보좌관이 각각 부의장과 간사위원으로 참여하는 자문회의에 노무현 대통령(의장)으로부터 민간위원 위촉장을 받았다. 그는 유일한 비박사·비전문가 케이스로 발탁되었지만, 5개 분과 중 선임분과인 과학기술발전전략분과의 첫 자리에 이름을 올려놓았다. 노 대통령은 이날 위촉장 수여식에서 "과학기술혁신정책을 통해 미래경쟁력에 대한 승부를 걸어보려는 것이 우리 정부의 생각"이라며 "자문회의는 과학기술혁신을 위한 전략과 아이디어를 적극적으로 생산해 변화의 견인차 역할을 해달라"고 당부했다. 2005년에도 이인식 소장은 제9기 자문위원에 연임됐다.

2008년 『지식의 대융합』을 발간한 이 소장은 '지식융합연구소'로 명함을 바꾸었다. 이때까지도 박사학위는커녕 대학원 문턱도 가보지 않은 그가 과학기술계에 대해 이러쿵저러쿵 논평을 하고, 교수들보다 먼저 새로운 과학 흐름을 소개한다고 해서 많은 배척을 당했다.

미국의 사회생물학자인 에드워드 윌슨이 펴낸 『컨실리언스*Consilience*』가 2005년 우리나라에 『통섭』이라는 이름으로 번역·출간되면서 통섭은 융합과 같은 의미로 사용되고 있다. 이인식 소장은 이에 대해 2014년 김지하 시인, 이남인 서울대 교수 등과 함께 『통섭과 지적사기』라는 책을 출간, 공개 비판을 가하기도 했다. 2012년에는 『자연은 위대한 스승이다』를 출간하고, 청색기술연구회를 결성했다. 직접 작명한 '청색기술'에 대한 저작권 등록까지 완료했다.

2015년 10월 공학기술 전문가 1,000여 명으로 구성된 한국공학한림원이 창립 20주년을 맞았다. 이에 맞춰 공학한림원은 '2035년에 도전한다'는 제목으로 20년 뒤 대한민국을 먹여 살릴 20대 신기술을 선정했다. 콧대 높은 박사들이 즐비했지만 이인식 소장이 바로 그 신기술 시나리오를 맡았다. 그는 결코 쉽지 않은 이 작업을 혼자서 진행했다. 20년 집필 활동을 하면서 축적한 정보와 지식을 바탕으로 20년 후의 미래사회 시나리오 원고를 단 3주 만에 완성한 것이다.

2015년 11월 이 소장은 마침내 세상 밖으로 '외출'을 하게 됐다. 박근혜 정부 후반기의 최우선 국정과제이며 문화융성을 추진하는 교두보로 2016년 3월 1일자로 개교하는 문화창조아카데미의 문화체험기술 총감독에 위촉된 것이다. 원장 제도가 없이 출범한 이 학교의 교장선생님 감투를 쓴 셈이다. 문화광광부가 인문학과 과학기술의 융합 분야에서 국내 최고 권위자인 그에게 예술과 기술의 융합교육까지 맡긴 것이다.

이인식, 융합기술과 현상파괴적 기술, 게임 체인저 기술, 미래기술(인공지능 등) 등 포스트휴먼사회를 예측해온 그의 지식과 열정, 그리고 뛰어난 상상력은 어떤 과학자도 넘을 수 없는 최고 경지에 도달해 있다.

－『노무현이 선택한 사람들』, 최광웅, 내일을 여는 책, 2016

저자의 주요 저술 활동

신문칼럼 연재

『동아일보』이인식의 과학생각(1999.10.~2001.12.): 58회(격주)

『한겨레』이인식의 과학나라(2001.5.~2004.4.): 151회(매주)

『조선닷컴』이인식 과학칼럼(2004.2.~2004.12.): 21회(격주)

『광주일보』테마칼럼(2004.11.~2005.5.): 7회(월 1회)

『부산일보』과학칼럼(2005.7.~2007.6.): 26회(월 1회)

『조선일보』아침논단(2006.5.~2006.10.): 5회(월 1회)

『조선일보』이인식의 멋진 과학(2007.3.~2011.4.): 199회(매주)

『조선일보』스포츠 사이언스(2010.7.~2011.1.): 7회(월 1회)

『중앙SUNDAY』이인식의 '과학은 살아 있다'(2012.7.~2013.11.): 28회(격주)

『매일경제』이인식 과학칼럼(2014.7.~2016.11.): 55회(격주)

잡지칼럼 연재

『월간조선』이인식 과학칼럼(1992.4.~1993.12.): 20회

『과학동아』이인식 칼럼(1994.1.~1994.12.): 12회

『지성과 패기』이인식 과학글방(1995.3.~1997.12.): 17회

『과학동아』이인식 칼럼 – 성의 과학(1996.9.~1998.8.): 24회

『한겨레 21』과학칼럼(1997.12.~1998.11.): 12회

『말』이인식 과학칼럼(1998.1.~1998.4.): 4회(연재 중단)

『과학동아』이인식의 초심리학 특강(1999.1.~1999.6.): 6회

『주간동아』이인식의 21세기 키워드(1999.2.~1999.12.): 42회

『시사저널』이인식의 시사과학(2006.4.~2007.1.): 20회(연재 중단)

『월간조선』이인식의 지식융합파일(2009.9.~2010.2.): 5회

『PEN』(일본산업기술종합연구소) 나노기술칼럼(2011. 7.~2011.12.): 6회

『나라경제』이인식의 과학세상(2014.1.~2014.12.): 12회

저서

1987, 『하이테크 혁명』, 김영사

1992, 『사람과 컴퓨터』, 까치글방
      KBS TV '이 한 권의 책' 테마북 선정
      문화부 추천도서
      덕성여대 '교양독서 세미나'(1994~2000) 선정도서

1995, 『미래는 어떻게 존재하는가』, 민음사

1998, 『성이란 무엇인가』, 민음사

1999, 『제2의 창세기』, 김영사
      문화관광부 추천도서
      간행물윤리위원회 선정 '이달의 읽을 만한 책'
      한국출판인회의 선정도서
      산업정책연구원 경영자독서모임 선정도서

2000, 『21세기 키워드』, 김영사
      중앙일보 선정 좋은 책 100선
      간행물윤리위원회 선정 '청소년 권장도서'

2000, 『과학이 세계관을 바꾼다』(공저), 푸른나무
      문화관광부 추천도서

간행물윤리위원회 선정 '청소년 권장도서'

2001, 『아주 특별한 과학 에세이』, 푸른나무

EBS TV '책으로 읽는 세상' 테마북 선정

2001, 『신비동물원』, 김영사

2001, 『현대과학의 쟁점』(공저), 김영사

간행물윤리위원회 선정 '청소년 권장도서'

2002, 『신화상상동물 백과사전』, 생각의 나무

2002, 『이인식의 성과학 탐사』, 생각의 나무

책으로 따뜻한 세상 만드는 교사들(책따세) 추천도서

2002, 『이인식의 과학세상』, 생각의 나무

2002, 『나노기술이 미래를 바꾼다』(편저), 김영사

문화관광부 선정 우수학술도서

간행물윤리위원회 선정 '이달의 읽을 만한 책'

2002, 『새로운 천 년의 과학』(편저), 해나무

2004, 『미래과학의 세계로 떠나보자』, 두산동아

한우리 독서문화운동본부 선정도서

간행물윤리위원회 선정 '청소년 권장도서'

산업자원부·한국공학한림원 지원 만화 제작(전 2권)

2004, 『미래신문』, 김영사

EBS TV '책, 내게로 오다' 테마북 선정

2004, 『이인식의 과학나라』, 김영사

2004, 『세계를 바꾼 20가지 공학기술』(공저), 생각의 나무

2005, 『나는 멋진 로봇친구가 좋다』, 랜덤하우스중앙

동아일보 '독서로 논술잡기' 추천도서

산업자원부·한국공학한림원 지원 만화 제작(전 3권)

경의선 책거리 전시도서 100선 선정(2016)

2005, 『걸리버 지식 탐험기』, 랜덤하우스중앙

책으로 따뜻한 세상만드는 교사들(책따세) 추천도서

조선일보 '논술을 돕는 이 한 권의 책' 추천도서

2005, 『새로운 인문주의자는 경계를 넘어라』(공저), 고즈윈

과학동아 선정 '통합교과 논술대비를 위한 추천 과학책'

2006, 『미래교양사전』, 갤리온

제47회 한국출판문화상(저술 부문) 수상

중앙일보 선정 올해의 책

시사저널 선정 올해의 책

동아일보 선정 미래학 도서 20선

조선일보 '정시 논술을 돕는 책 15선' 선정도서

조선일보 '논술을 돕는 이 한 권의 책' 추천도서

2006, 『걸리버 과학 탐험기』, 랜덤하우스중앙

2007, 『유토피아 이야기』, 갤리온

2008, 『이인식의 세계신화여행』(전 2권), 갤리온

2008, 『짝짓기의 심리학』, 고즈윈

EBS 라디오 '작가와의 만남' 도서

교보문고 '북 세미나' 선정도서

2008, 『지식의 대융합』, 고즈윈

KBS 1TV '일류로 가는 길' 강연도서

문화체육관광부 우수교양도서

KAIST 인문사회과학부 '지식융합' 과목 교재

KAIST 영재기업인교육원 '지식융합' 과목 교재

한국폴리텍대학 융합교육 교재

책으로 따뜻한 세상 만드는 교사들(책따세) 월례 기부강좌 도서

KTV 파워특강 테마북

한국콘텐츠진흥원 콘텐츠아카데미 교재

EBS 라디오 '대한민국 성공시대' 테마북

2010 명동연극교실 강연도서

2009, 『미래과학의 세계로 떠나보자』(개정판), 고즈윈

2009, 『나는 멋진 로봇친구가 좋다』(개정판), 고즈윈
책으로 따뜻한 세상 만드는 교사들(책따세) 추천도서

2009, 『한 권으로 읽는 나노기술의 모든 것』, 고즈윈
고등국어교과서(금성출판사) 나노기술 칼럼 수록
대한출판문화협회 선정 청소년도서
책으로 따뜻한 세상 만드는 교사들(책따세) 추천도서
2015 조선비즈 추천 미래도서

2010, 『기술의 대융합』(기획), 고즈윈
문화체육관광부 우수교양도서
한국공학한림원 공동발간도서
KAIST 인문사회과학부 '지식융합' 과목 교재
KAIST 영재기업인교육원 '지식융합' 과목 교재

2010, 『신화상상동물 백과사전』(전 2권, 개정판), 생각의 나무

2010, 『나노기술이 세상을 바꾼다』(개정판), 고즈윈

2010, 『신화와 과학이 만나다』(전 2권, 개정판), 생각의 나무

2011, 『걸리버 지식 탐험기』(개정판), 고즈윈

2011, 『이인식의 멋진 과학』(전 2권), 고즈윈
책으로 따뜻한 세상 만드는 교사들(책따세) 추천도서

2011, 『신화 속의 과학』, 고즈윈

2011, 『한국교육 미래 비전』(공저), 학지사

2012, 『인문학자, 과학기술을 탐하다』(기획), 고즈윈
한국경제 TV '스타북스' 테마북

2012, 『청년 인생 공부』(공저), 열림원

2012, 『자연은 위대한 스승이다』, 김영사
책으로 따뜻한 세상 만드는 교사들(책따세) 추천도서

한국간행물윤리위원회 '청소년 권장도서' 선정

KAIST 영재기업인교육원 '청색기술' 과정 교재

현대경제연구원 '유소사이어티' 콘텐츠 강연 탑재(총 10회)

한국공학한림원 공동발간도서

2015 『창비 고등국어』 교과서 수록(2014년 6월)

2012, 『따뜻한 기술』(기획), 고즈윈

한국공학한림원 공동발간도서

2013, 『자연에서 배우는 청색기술』(기획), 김영사

한국공학한림원 공동발간도서

문화체육관광부 우수교양도서

2014, 『융합하면 미래가 보인다』, 21세기북스

KBS 라디오 〈명사들의 책 읽기〉 60분 방송(2014. 3. 23.)

2015 조선비즈 추천 미래도서

2014, 『통섭과 지적 사기』(기획), 인물과사상사

2014 세종도서(교양 부문) 선정

2015, 『과학자의 연애』(공저), 바이북스

2016, 『2035 미래기술 미래사회』, 김영사

2016 세종도서(교양 부문) 선정

교보문고 '북모닝 CEO' 강연동영상(총 10회)

원작만화

『만화 21세기 키워드』(전 3권), 홍승우 만화, 애니북스(2003~2005)

부천만화상 어린이만화상 수상

한국출판인회의 선정 '청소년 교양도서'

책키북키 선정 추천도서 200선

동아일보 '독서로 논술잡기' 추천도서

아시아태평양이론물리센터 '과학, 책으로 말하다' 테마북

『미래과학의 세계로 떠나보자』(전 2권), 이정욱 만화, 애니북스(2005~2006)

한국공학한림원 공동발간도서

과학기술부 인증 우수과학도서

『와! 로봇이다』(전 3권), 김제현 만화, 애니북스(2007~2008)

한국공학한림원 공동발간도서

찾아보기-인명

찾아보기—용어

4차산업혁명은 없다 — CEO를 위한 미래산업 보고서

펴낸날	초판 1쇄 2017년 7월 21일
지은이	이인식
펴낸이	심만수
펴낸곳	(주)살림출판사
출판등록	1989년 11월 1일 제9-210호
주소	경기도 파주시 광인사길 30
전화	031-955-1350 팩스 031-624-1356
홈페이지	http://www.sallimbooks.com
이메일	book@sallimbooks.com
ISBN	978-89-522-3703-3 03500

※ 값은 뒤표지에 있습니다.
※ 잘못 만들어진 책은 구입하신 서점에서 바꾸어 드립니다.

이 도서의 국립중앙도서관 출판예정도서목록(CIP)은 서지정보유통지원시스템 홈페이지
(http://seoji.nl.go.kr)와 국가자료종합목록시스템(http://www.nl.go.kr/kolisnet)에서
이용하실 수 있습니다.(CIP제어번호: CIP2017016555)

책임편집·교정교열 서상미